青海野生动物多样性丛书

玛可河林区

兽类及两爬动物多样性

主 编 赵闪闪 薛长福 徐爱春

内容提要

本书以图文结合的形式记录、整理和分析玛可河林区的中大型兽类、爬行类及两栖类等物种多样性，共计7目17科36种。其中，两栖类有2目4科6种，爬行类有1目2科2种，兽类有4目11科28种。书中每种动物都配有彩色照片，阐述了其主要鉴别特征、习性及栖息地特征，并简要描述其本地种群分布现状和种群相对大小。

本书适合从事高原生物学研究、保护生物学和生物多样性调查与监测、科学普及、环保教育的科技人员，以及高原生物爱好者、高原旅行者、牧民等阅读和参考。

图书在版编目（CIP）数据

玛可河林区兽类及两爬动物多样性 / 赵闪闪，薛长福，徐爱春主编. —上海：上海交通大学出版社，2023.12

（青海野生动物多样性丛书）

ISBN 978-7-313-29214-8

Ⅰ. ①玛…　Ⅱ. ①赵… ②薛… ③徐…　Ⅲ. ①野生动物—生物多样性—班玛县　Ⅳ. ①Q958.524.44

中国国家版本馆CIP数据核字（2023）第252249号

玛可河林区兽类及两爬动物多样性

MAKEHE LINQU SHOULEI JI LIANGPA DONGWU DUOYANGXING

主　　编：赵闪闪　薛长福　徐爱春

出版发行：上海交通大学出版社　　地　　址：上海市番禺路951号

邮政编码：200030　　电　　话：021-64071208

印　　制：苏州市越洋印刷有限公司　　经　　销：全国新华书店

开　　本：710mm × 1000mm　1/16　　印　　张：5.25

字　　数：77千字

版　　次：2023年12月第1版　　印　　次：2023年12月第1次印刷

书　　号：ISBN 978-7-313-29214-8

定　　价：30.00元

本书编委会

主　　编　赵闪闪　薛长福　徐爱春

副 主 编　马占宝　申　萍　徐海燕　俞美霞

达焕云　吴国生

编委会成员　王　扬　马秀丽　马玉婷　贾红梅

祁财顺　张铁成　何顺福　严斌祖

张启成　宋　婋

前言

《中华人民共和国野生动物保护法》和《中华人民共和国陆生野生动物保护实施条例》明确规定要开展野生动物资源与多样性调查及监测。野生动物资源与多样性调查及监测不仅是政府相关部门进行科学决策和管理的基础，还是评价野生动物保护成效的重要依据。

珍稀濒危野生动物的动态监测和保护是客观了解生物多样性变化，评估管理成效、制定保护政策的基础工作和重要手段。2010年发布的《中国生物多样性保护战略与行动计划》（2011—2030年）已把构建我国生物多样性监测网络体系列为优先行动。2014年“中国生物多样性保护国家委员会”第二次会议中强调：要加快建立布局合理、功能完善的国家生物多样性监测和预警体系，及时掌握动态变化，开展保护状况评估，为做好保护工作提供支撑。2015年国务院批准启动实施生物多样性保护重大工程，开展生物多样性监测是其中一项重要任务。

习近平总书记提出，青海省最大的价值在生态、最大的责任在生态、最大的潜力也在生态，必须把生态文明建设放在突出位置来抓。青藏高原是具有全球意义的生物多样性重要地区，青海省独特的自然条件与地理环境造就了多样的自然景观和复杂的生态系统，为高原野生动物资源的形成与发育提供了空间。由于近几十年来的经济快速发展、城镇化扩张、交通路网建设等原因，自然生境的破坏和破碎化程度加剧，加上难以完全禁止的偷猎行为，青海省脊椎动物的生存状况受到严重威胁，其中兽类动物受威胁比例高于全国的平均值（26.4%）。

玛可河林区（以下简称“林区”）位于青藏高原与川西高山峡谷区的过渡区，是青藏高原重要的生态敏感区，是森林生长的极限地带。林区位于青海省果洛藏族自治州班玛县境内，地处巴颜喀拉山支脉果洛山的南麓，属大渡河流域的高山峡谷区，是青海省长江流域大渡河源区面积最大、分布最集中、海拔最高的高原原始林区。林区山脉走向为西北—东南，玛可河贯穿林区形成典型高山山地地形，沟谷纵横，呈高山峡谷地貌。林区拥有青南高原最为齐全的森林植被类型，生态地位特殊，生态环境类型多样，野生动植物资源丰富。

玛可河林区自1965年成立以来，林区专注于森林采伐和森林保育有近55年的历史，相对忽视了野生动物的本底调查和监测工作，林区内野生动物本底资源状况不清楚，对林区内珍稀濒危物种的种类、数量和分布情况不掌握，对珍稀濒危野生动物栖息地的状态和质量不了解，对珍稀濒危野生动物致危原因不清楚，极其不利于科学化林区管理。此外，近年来随着人类活动干扰、污染物排放、水利水电截留开发等行为的不断增加，当地生态系统遭到了不同程度的破坏，以致部分珍稀濒危物种难以生存和繁衍，如玛可河及其流域中的一些土著鱼类（如川陕哲罗鲑等）已难觅踪迹，部分洄游种类濒临灭绝。

为了掌握林区内野生动物的生存状况、种群动态变化及受威胁的状况，开展林区内珍稀濒危野生动物的本底调查、监测和保护工作就显得尤为迫切。本书能为林区提出针对性的保护对策，也为科技工作者的科学研究、社会公众的科学普及活动、科技创新、保障国家生物安全及有效保护和合理利用动物资源等提供支持。本书兽类物种根据《中国哺乳动物多样性及地理分布》《中国兽类分类与分布》等进行鉴定和分类，两栖、爬行类根据《中国两栖动物及其分布彩色图鉴》等进行鉴定和分类。两爬动物为两栖动物和爬行动物的统称。

感谢青海省林业和草原局多年来对我们在野生动物资源调查和研究方面的支持和鼓励，感谢西宁野生动物园何顺福、关晓斌、柳发旺等、江苏观鸟会邹维明、浙江野鸟会俞肖剑和聂闻文、绍兴市自然资源和规划局赵锷和钱科、南京理工大学梁志坚等先生参与野外调查工作；感谢邹维明、赵锷、俞肖剑、梁志坚、聂闻文先生为本书提供野生动物照片；感谢浙江农林大学鲁庆斌副教授和中国计量大学珍稀濒危野生动物与多样性研究所全体同仁及研究生参与材料整理和分析，在此一并致谢。

由于编者的业务水平和能力有限，难免存在疏漏之处，欢迎读者批评指正。

目录

1
概　　述

青藏高原是中国最大、世界海拔最高的高原，被称为“世界屋脊”。玛可河林区位于青藏高原与川西高原的过渡区域，是青藏高原重要的生态敏感区，具有较高的生物多样性。本书将玛可河林区的兽类、两栖、爬行等动物多样性给予简要介绍。

玛可河林区地处三江源国家级自然保护区，海拔平均3 600 m，具有多样的自然地理景观和典型的社会经济文化。

1.1　玛可河林区自然地理概况

三江源自然保护区是中国面积最大的自然保护区，也是世界高海拔地区生物多样性最集中的地区和生态最敏感的地区，位于青藏高原腹地、青海省南部，总面积36.6万km^2，包括17个县市，占青海省土地总面积的43.88%。玛可河保护分区的核心区和缓冲区都是森林，地处大渡河源上游，位于青海省果洛藏族自治州班玛县境内，辖区面积10.18万km^2，东西长49 km，南北宽25 km，土地总面积10.18万hm^2，森林覆盖率69.58%，是青海省长江流域大渡河源区面积最大、分布最集中、海拔最高的高原原始林区。林区山脉走向为西北—东南，玛可河贯穿林区，形成典型高山山地地形，沟谷纵横，呈高山峡谷地貌，北部和西部最高海拔达5 300 m，东南部最低海拔为3 147 m，相对高差超过1 800 m（见图1.1）。林区内分布有寒温性常绿针叶林、寒温性落叶针叶林、落叶阔叶林、温性灌丛、

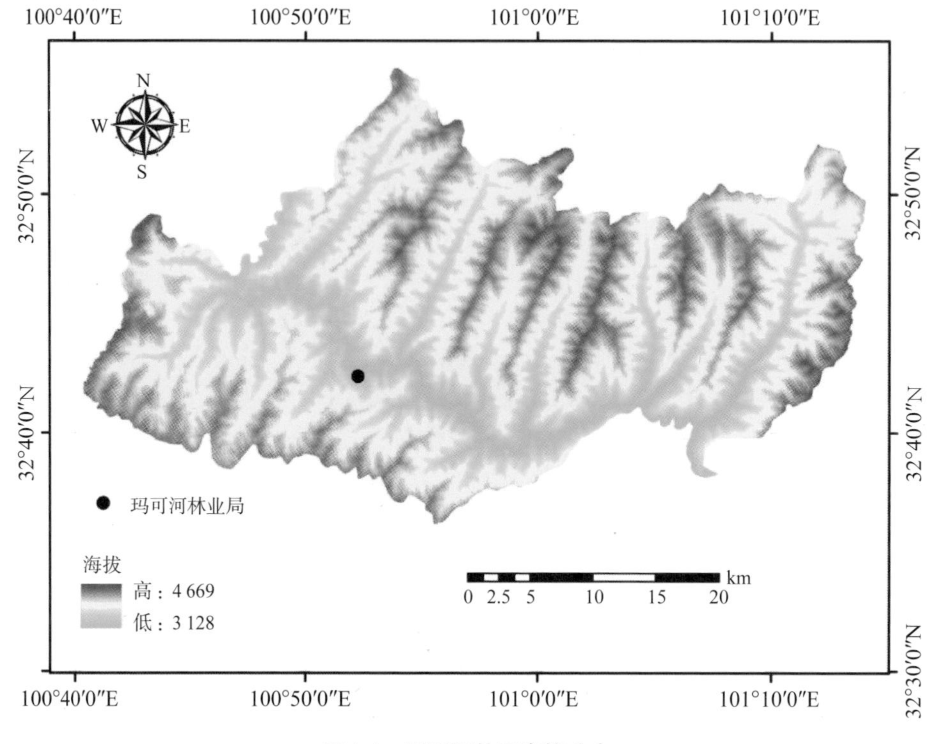

图1.1　玛可河林区海拔分布

高寒灌丛、温性草原、高寒草原、高寒草甸、沼泽草甸、高寒蛰伏植被、高寒流失坡植被等植被（见图1.2）类型，拥有青南高原最为齐全的森林植被类型。贯穿林区的玛可河是长江重要支流——大渡河的源流之一。林区生态地位特殊，生态环境类型多样，野生动物资源丰富。

图1.2　玛可河林区植被

1.2 玛可河林区社会经济概况

玛可河林区由青海省玛可河林业局管理，距省城西宁约830 km，路途遥远、交通落后、通信不便、经济较为落后。截至2022年底，林区含2个藏族乡，9个行政村，910户牧民，6 000余群众，宗教活动点及寺院8处，全民信奉藏传佛教。

林区群众以畜牧业为主，兼营小块农耕地，农牧民群众生活水平低，牧民放牧以原始的野外散放为主，牧场与森林相互交错，“林中有牧，牧中有林”。受地理位置和交通限制，林区经营基本处于空白，只有少数群众自发性开展货运、挖药材、采摘食用菌等行为。

多年来，林区受当地自然条件、思想观念和社会发育程度的影响，其经济发展较为落后，社会公共基础建设缓慢，单一的牧业经济发展模式和落后的生产生活方式与林区生态环境保护之间的矛盾十分突显，特别是农牧民修房、取暖和生活燃料都依靠林木为原料，林区森林资源和生态建设受到不同程度的破坏。

1.3 野生动物的调查与研究方法

1.3.1 研究文献和历史资料数据

通过查阅《青海经济动物志》及相关保护区资源考察报告等文献资料，对玛可河林区兽类、两栖、爬行等动物种类、数量及分布的历史资料进行清查。

1.3.2 野生动物监测数据

自2020年开始，每年在玛可河林区采用样线法、样方法、自动红外相机陷阱法等对当地的野生动物进行种类、数量和分布的调查与监测工作。

两栖类、爬行类主要采用样方法等。根据当地两栖类、爬行类的生活习性，将调查与监测时间分两次进行，第一次时间为5月中旬至6月初，第二次时间为8月中旬至9月初。每天调查与监测时间为早上

06:30 ～ 09:30。

兽类主要采用样线法、自动红外相机陷阱法等，同时结合其他方法加以补充。兽类动物调查时间为春、夏、秋、冬4个季节各1次（在天气不佳，影响动物活动的时间不进行观测）。

1.3.3 野生动物的调查方法

本次调查针对不同动物类群采用了不同的调查方法，其中两栖类和爬行类主要采用样方法，兽类主要采用样线法、自动红外相机陷阱法等。

1）样方法

参照《生物多样性观测技术导则——两栖动物》（HJ 710.6—2014）和《生物多样性观测技术导则——爬行动物》（HJ 710.5—2014），在玛可河林区爬行动物和两栖动物栖息地随机布设100 m × 100 m的样方，仔细搜索并记录发现的动物名称、数量、影像等信息。其中两栖类调查季节应为出蛰后的1 ～ 5个月内，调查时间为晚上（日落后0.5 h至日落后4 h）。溪流型两栖动物调查使用样线法，仅对成体进行计数。确定调查样方后，至少4人同时从样方四边向样方中心行进，仔细搜索并记录发现的动物名称、数量、影像资料等。

2）样线法

按照统计学要求布设调查样线，在调查样线上行进，观察并记录样线两侧野生动物及其活动痕迹，以及距离样线中线垂直距离的调查方法。观察方法通常是在野外通过目击观察、鸣/叫声辨别、痕迹（如足迹链、食痕等）识别和摄影取证等方法，对区域内的野生动物进行调查记录。样线布设采用分层抽样法，根据植被类型代表性、海拔高度、人为干扰情况分层设置样线。调查样线长度为3 km，样线单侧宽度为100 m（兽类调查样线单侧宽度为2 000 m），调查时步行平均速度控制为1 km/h，每次进行调查的时间以动物活动较为频繁的晨昏为主，根据季节差异一般在6:30 ～ 9:30和17:30 ～ 19:30。

3）自动红外相机陷阱法

自动红外相机陷阱法（以下简称“红外相机调查法”）也称为野生动物监测自动相机技术，是指通过自动相机系统（如被动式/主动式红外触发相机或定时拍摄相机等）来获取野生动物图像数据（如照片和视频）。野生兽类，尤其是有蹄目和食肉目动物，通常个体大、警惕性高、数量稀少，在野外很难观察到实体。与传统的野生动物种群调查、监测方法（如样线法、标记-重捕法、痕迹法、轰赶法、访问法等）相比，自动红外相机陷阱法作为一种非伤害性的野生动物监测技术，具有人为因素限制少、对动物影响较小、可24 h全天候持续工作等优点。

（1）红外相机布设方法。我们采用公里网格的方式布设红外相机。首先将调查区域用ArcGIS10.0软件以通用横墨卡托格网系统（universal transverse mercator grid system, UTM）坐标为基准建立1 km × 1 km面积的网格，然后依据可抵达性和连续分布性原则抽取3个监测样区，在每个监测样区的网格中心位置预设相机并布设位点，每个监测样区放置约20台红外相机；如果网格涵盖的保护区面积大于50%，则调整该网格相机布设位点于保护区范围内，涵盖的面积小于50%则放弃在该网格内放置相机。记录每个网格预设相机布设位点的经纬度。相机布设密度为1台/km^2。

（2）红外相机安放。通过手持全球定位系统（global positioning system, GPS）引导，在野外找到每个样区的相机预设布设位点，在其附近20 m范围内根据野生动物活动痕迹、是否有水塘及兽径选择实际布设位点，确定和记录每个相机实际布设位点的经度、纬度和海拔等基本信息（见表1.1）。

表 1.1　红外相机环境及野生动物记录表

安放时间：					安放人：	
相机位点：N			E		海拔：　m	
植被类型：			盖度：		坡向：	
坡位：			坡度：		相机编号：	
存储卡号：			相机型号：		装卡人：	
装卡时间：			取卡时间：		相机总时长：	
照片编号	动物名称	动物数量	拍摄日期	拍摄时间	连拍数量	备注

（3）红外相机调查数据记录表。在野外布设相机的同时，根据标准表格记录相关数据。

（4）数据采集频次及数据管理。在保证相机数据和电池用量的前提下，每4～6个月换取1次相机存储卡和电池，将存储卡中的图像和视频信息带回室内进行分析。如果发现不工作或存储卡已经写满的相机，立即撤换。更换电池时对相机现场内影响相机工作的嫩枝、小草、蕨类植物和蜘蛛网等进行清理。建立红外相机数据库进行管理和分析工作，各监测样区根据固定格式每年定期提交或上传数据成果。

（5）红外相机照片的判读。对取回的相机卡及时进行判读。红外相机在白天拍摄的是彩色照片（视频），而夜间或低光下拍摄的是黑白照片（视频）。因此，尽管啮齿目的各种鼠类在夜间活动也能被红外相机记录，但由于其个体小、鉴定特征不明显等原因，没有对该类群进行物种鉴定。

4）访问调查法

对于部分野生动物，采取了访问的形式进行辅助调查，即向周边区域生活的、有经验的人进行咨询，以确定其种类及数量。

5）其他方法

为了完善调查数据，弥补因偶然因素造成的遗漏，参考了当地野生动物爱好者、摄兽人士的观察记录和照片。此外，还调阅了当地社会经济和重要林业（动物）案件资料，以确定影响野生动物种群及与人类关系方面的信息。

2

玛可河林区生物多样性保护

玛可河林区生物多样性丰富，但是十分脆弱。气候变化、栖息地丧失、栖息地破碎化、偷猎和资源过度利用、有害生物的入侵和危害、林牧矛盾等均对野生动物产生威胁，加强珍稀濒危野生动物保护、开展栖息地保护、重视保护区的整合与规范化管理较为重要。

2.1 玛可河林区生物多样性的历史变迁

位于果洛藏族自治州班玛县境内的玛可河林区是一个森林王国。在长达百千米的玛可河谷南北侧，像哑巴沟这样的沟岔就有18条，最长的美狼沟超30 km。玛可河谷是森林的海洋，而随便走进两侧的任何一条沟，都是遨游在大树的世界。每条沟的森林都滋养了一条河流，这18条沟里流出的18条河流汇成的是玛可河——长江上游的重要支流大渡河的一级支流。从这里，每年要向长江流域输送16.5亿m^3的水资源，占长江源头总径流量的9.3%。青海境内黄河、长江输出水量分别占总流量的1/2和1/4。

高寒缺氧的青海高原上森林资源非常稀少，60多块森林资源零散地分布在长江、黄河、澜沧江以及黑河上游的高山峡谷之中。玛可河林区就是这60块原始森林中面积最大、分布最集中、海拔最高的一片天然林区。林区以川西云杉和紫果云杉为优势树种组成寒温带针叶林，自西向东流淌的玛可河南侧的山坡上满是茂密的川西云杉、白桦、大果圆柏、祁连圆柏的混交林，林相整齐、分布均匀。

自1965年至1998年，林区共消耗木材近百万立方米，为国家提供商品材69万m^3，有力地支援了国家建设。当地居民人均耕地及草场面积较少，属于半农半牧的生产模式，耕种较为粗放，农业生产效率低；牧业以养牛为主，草场载畜量高。因此，几十年的累积结果使生物多样性一直处于严重威胁中，并逐渐走向丧失的道路。

1998年国家宣布停止天然林资源采伐后，林区被列入天然林资源保护工程建设区，在省内率先启动天然林资源保护工程，天然林采伐量调减为零。从此，曾经的伐木工人变成了护林者，曾经的青海省内最大的森林工业企业变成了护林造林的事业单位。森林工业企业的工人们放下了伐木的斧子，拿起了植树护林的铁锹，这些幸存的老树和它的“子孙”们终于得以平平安安地发挥它们的生态功能。2000年，林区被纳入三江源自然保护区核心区。2004年，林区又启动了国家重点公益林保护和建设项目。

多年来，林区天然林资源保护工程建设累计完成人工造林3 623.7 hm^2，封山育林3.5万hm^2，幼林抚育1 178.33 hm^2，人工促进天然更新1.2万hm^2，还完成了国家重点公益林保护管理项目和三江源自然保护区保护管理项目的封山育林补植3.3万多亩（1亩≑666.666 7 m^2）。生物多样性得到极大的改善。

经过近10年的保护与建设，林区森林覆盖率由50.1%增加到69.5%，提高19.4个百分点。党的十八大以来，林区不断创新思路，大力推进村级管护承包，林区承包管护面积已达4.3万hm^2，实现了森林资源由行业管理模式向社会管理模式的转变。同时，盗伐林木案件逐年下降，林区连续30年未发生重大森林火灾，资源保育达到“黄金值”。林区周边的农牧民群众也积极参与林业建设和管护，在绿水青山间增加收入，实现了生态和社会效益双丰收。

2020年的金秋，国家林业和草原局将班玛县红军沟纳入首批国家草原自然公园试点建设范围，成为青海自然保护地体系的重要组成部分，通过 国家自然公园建设，进一步协调森林、草原和野生动植物之间的关系，保护森林、草原资源及野生动植物，保护玛可河林区的生物多样性，实现草原的科学保护和合理利用。

2.2 影响玛可河林区生物多样性的因素

玛可河林区的生物多样性具有独特之处，特别兽类，但其影响因素与其他地区一样，具有共同性。首先，人类活动的影响是生物多样性面临的主要考验和风险，包括人类对生物生存环境的破坏和污染、人类对物种的过度开发、人口流动造成的有害生物的主动或被动引入，以及疾病的加速传播等。其次，人口数量的不断增加需得利用更多的自然资源，将更多的生物生存环境变为农商业或居住用地，因此人类对生物多样性的减少负有重要责任。此外，人类对自然资源的低效率、不平衡的利用也是造成生物多样性衰落的主要原因。具体的影响因素阐述如下。

2.2.1 气候变化

由于人们焚烧化石燃料，如石油、煤炭等，或砍伐森林并将其焚烧时会产生大量的温室气体，这些温室气体对来自太阳辐射的可见光具有高度透过性，而对地球发射出来的长波辐射具有高度吸收性，能强烈吸收地面辐射中的红外线，导致地球温度上升，即温室效应。全球变暖会使全球降水量重新分配、冰川和冻土消融、海平面上升等，不仅危害自然生态系统的平衡，还影响人类健康，甚至威胁人类的生存。

全球变暖导致陆地水分大量流失，随时会“星星之火，可以燎原”。不光是森林中的山火，城市中的火灾也将会非常频繁。据研究，森林火灾次数、受害森林面积和经济损失与平均气温和最高气温呈正相关，温度越高，火灾次数越多，受害面积越大，经济损失越大。

全球气候变暖影响和破坏了生态系统的食物链，带来严重的自然恶果。例如，一些鸟类每年从澳大利亚飞到中国东北过夏天，但由于全球气候变暖使中国东北气温升高，夏天延长，这些鸟离开东北的时间相应变迟，再次回到东北的时间也相应延后。温度上升，无脊椎类动物，尤其是昆虫类生物提早从冬眠中苏醒，靠这些昆虫为生的长途迁徙动物无法及时赶上，错过捕食的时机，从而大量死亡。昆虫提前苏醒，因为没有了天敌，将会肆无忌惮地吃掉大片森林和庄稼。玛可河林区近几年受连续干旱、冬季偏暖等因素的影响，害虫越冬死亡率低，在当前资金、人力、技术等有限的情况下，生态调控难度加大。

2.2.2 栖息地丧失

自20世纪60年代中期以来，国家经济建设急需大量木材，过度采伐天然林是不可避免的，玛可河林区曾一度成为青海省的主要木材生产单位。由于过度采伐森林，可采资源锐减，森林资源遭到严重破坏，林分质量下降、森林结构失调、防护功能降低，生态效能也越来越低。另外，林区牧民群众无主要经济收入来源，受“靠山吃山”的传统生活方式影响，烧木材做饭取暖和修建房屋，仍然依赖木材，森林资源和生态环境受到不同程度的破坏和威胁，区域生态安全隐患突显。

过度放牧是导致栖息地丧失的重要原因之一。在植物生长茂盛的草地，植物能够拦截降水，减少雨滴对地表的溅蚀和地表径流的形成，有利于降水的下渗。放牧不仅通过影响群落的物种组成、群落盖度和生物量等间接影响土壤的水分循环、有机质和土壤盐分的累积，而且还通过牲畜的践踏、采食以及排泄物直接影响土壤的结构和化学性状。随着放牧强度的增加，牲畜践踏频率也随之增加，导致土壤表层压实，土壤容重增加，土壤非毛管孔隙减少，土壤渗透力和蓄水能力减弱。加之地表植被被破坏，植被的高度和盖度降低，地表裸露面积增大，土壤水分蒸发量加大，溶于地下水的可溶性盐类随着毛管水上升、迁移而累积于土壤表面，造成土壤pH值增加，盐碱化程度增大。长期下去，造成盐碱土发育。过度放牧引起土壤盐碱化程度增加，最终导致非耐盐碱的植物减少，耐盐碱植物群落增加，从而加速了草原生态环境的恶化。放牧过重的退化草地，水土流失严重，土壤向贫瘠方向发展，最终导致荒漠化。

2.2.3 栖息地破碎化

栖息地破碎化是指在自然干扰或人为活动的影响下，大面积连续分布的栖息地被分割成小面积不连续的栖息地斑块的过程。玛可河林区由于30多年的采伐和更新，大部分原始林已被人工林取代，加上运输木材需要交通道路，使整个林地被分割成无数小块林地。因此，林区已被严重斑块化，或者是生物的栖息地破碎化。其结果是除了缩小原有栖息地的总面积外，栖息地斑块的面积也会逐渐减少，致使栖息地斑块广泛分离，邻近边缘的栖息地比例增加，边缘也变得越来越分明。

由于面积效应的作用，致使野生动物的种群数量减少，最终导致某些种类在小面积的斑块中消失，同时还可增加栖息地斑块中种群对干扰的敏感性。由于栖息地斑块的孤立和隔离，致使局部灭绝后的重新建群变得缓慢。有些物种如大型捕食者和留鸟对这些效应的高度敏感性会导致物种多样性的减少和群落结构的变化。由于边缘效应的作用，残余森林斑块内的种群和群落动态受捕食、寄生和物理干扰等因素的控制。

2.2.4 偷猎和资源过度利用

随着班玛县农村公路建设的进行，玛可河林区的交通条件得到了有效的改善，原来林区中只有一条班友公路，而现在通过林区公路的数量大幅度增加。为当地牧民的出行提供了便利条件，但同时也给不法分子盗伐林木、盗运木材的行为创造了有利条件。在这种情况下，不法分子的盗伐行为更加猖獗，以往不法分子仅盗伐小径级木材，现在已经盗伐所有木材，盗伐过程具有较高的机动性与隐蔽性。

近些年当地农牧民得益于国家生态保护项目和各项补贴减免政策，群众生活逐渐提高，住房改善需求增加，对木材的需求量也在扩大，另外村里电力设施基础薄弱，电力供应不能保障，村民过分依赖于薪柴，因而林木盗伐现象时有发生。林区基础设施建设和村民修建住房，需要大量的石料和砂石，河道取沙加剧了河岸坍塌和水质恶化。村内缺少垃圾转运和无害化处理设施，导致村民乱放垃圾，破坏和污染环境。

此外，林区外来人口较多，主要是从事经商、建筑的人员，以及来林区盗猎、偷采草药的人员，给当地的自然生态环境带来了一定的压力，野外用火增加，给森林防火带来了隐患。

2.2.5 有害生物的侵入和危害

玛可河林区随着森林衰退的不断扩大，原始林分又以单一树种纯林为多，病虫危害加剧。全林区发生严重能够成灾的有害生物已由20世纪

80年代初的1种增加到4种。危害比较重的小蠹虫、云杉矮槲寄生、松线小卷蛾、锈病等未得到较好的控制，在局部地区年年发生，甚至造成严重损失，对生态效益和社会效益也带来了不可估量的影响。

林区还是国际性检疫害虫松材线虫病和国内检疫对象红脂大小蠹的适生区。这两种害虫随时都有可能侵入林区，一旦侵入，很可能使林区大面积的原始森林在短期内遭到毁灭性损害，潜在的威胁不容忽视。

2.2.6 林牧矛盾

玛可河林区所处的班玛县是国家贫困县，地处偏僻，交通不发达，经济发展十分落后，一定程度上靠国家扶持。林区有2个以牧业为主的乡镇，牧户910户，人口5 300人，一直以来玛可河林区社会经济发展受自然条件和当地社会发育程度的影响，社会公共基础建设缓慢，牧业经济发展模式单一，生产生活方式落后，牧民群众人均农牧业年收入较低，多数家庭较为贫困，致使玛可河林区生态环境保护与牧民生活水平发展不协调。

多年来，玛可河林区牧民群众经济收入来源有限，玛可河林区牧民以牛粪和采樵为唯一生活能源。受“靠山吃山”的传统的生活方式影响，烧木材做饭取暖和修建房屋，主要依赖当地木材，偷盗林木现象较严重，森林资源和生态环境受到不同程度的破坏和威胁，区域生态安全隐患逐渐显现。另外，林区乔木林分布在海拔3 200 ～ 4 300 m之间的森林生长极限地带，生长速度极为缓慢（如胸径20 cm的川西云杉一般需要120年的生长期），生态环境十分脆弱，一旦遭到破坏极难恢复。

玛可河林区的营造林始于20世纪70年代，人工造林技术已成熟应用。但宜林荒山、荒地和采伐迹地的造林地块与牧民放牧地相互交错，牲畜对每年新造林苗木践踏破坏十分严重，牧民牲畜达38 600只（头），以玛可河林区宜林地、灌木林地为主要牧场，林牧矛盾十分突出。高海拔和春季降雨较少，每块造林地要经过多次的补植补栽才有明显的成效。

2.3 玛可河林区生物多样性的保护措施和管理建议

自然资源和生态环境是人类赖以生存和发展的基本条件，保护好自然资源和生态环境、保护好生物多样性，对人类的生存和发展具有极为重要的意义。

2.3.1 珍稀濒危野生动物类群的保护措施

保护野生动物，首先考虑的是健全法制、普及宣传、强化已有的各种保护体系以及办好自然保护区。制订3～5年的中长期规划和每一年度的工作计划。开展森林防火宣传、环保标牌制作，举办野生动物知识普及讲座、林木培育和林下产业牧区实用技术培训等，以及村内及林区环境整治等活动。

其次大力发展挂牌保护、迁地保护和驯养保种，鼓励民间和宗教界人士积极从事此项工作。迁地保护和驯养保种为行将灭绝的生物提供了生存的最后机会。一般情况下，当物种的种群数量极低，或者物种原有生存环境被自然或者人为因素破坏甚至不复存在时，迁地保护和驯养保种成为保护物种的重要手段。通过迁地保护和驯养保种，可以深入认识被保护生物的形态学特征、系统和进化关系、生长发育等生物学规律，从而为就地保护的管理和检测提供依据。

与此同时，还要继续加强监测和定点定位研究，对重点物种制定针对性的保护对策，从确保重点物种的生存繁衍的要求出发，在其重点分布区域抢救性地建立一批保护区，实行抢救性保护。

2.3.2 栖息地的保护措施

我国先后颁布了《中华人民共和国森林法》《中华人民共和国环境保护法》《中华人民共和国野生动物保护法》《中华人民共和国陆生野生动物保护实施条例》《中华人民共和国野生动物保护条例》《中华人民共和国自然保护区条例》和《森林和野生动物类型自然保护区管理办法》等一系列法律、法规。各级地方政府也制定了相应的配套法律和规章，环保、林业、农业、地矿、海洋等有关部门也制定了相应的自然资源保护措施。

目前，相关的法律在栖息地丧失和破碎化方面尚存在盲点，从维护野生动物种群持续健康发展的要求出发，要搞好已有保护区的布局和网络体系的完善工作，尤其是必须重视保护区之间的廊道、破碎化的栖息地连接等工作，完善保护区体系建设。对可能对栖息地造成影响的大型工程和公路铁路的建设，在进行环境影响评价时，要从生态效益的角度出发，兼顾经济效益和社会效益，特别是对濒危野生动物栖息地的保护，禁止在濒危物种的栖息地内开展任何旅游和生产经营活动，确保物种不灭绝。

针对栖息地土地权和管理机构行政管理权的冲突、当地居民生活生产和栖息地管理的矛盾，建议通过完善土地征用和补偿制度来解决，法律应引导各种主体协调地、友好地和互补地共生。必要时征用集体土地所有权或征回国有土地使用权，给当地居民征用补偿费用。进一步完善栖息地公众参与机制，建立政府建设开发项目磋商程序。对于地方政府建设开发项目可能破坏栖息地的项目，主管部门应与上一级政府林业、环保部门磋商，并请生态、经济、法学等方面的专家进行论证，论证过程实行不记名半数否决制，否决的结果将导致项目被否定。专家名单应由专业部门提出后针对不同个案时随机选出。

2.3.3 玛可河林区保护区的整合和规范化管理

党的十八大提出了生态文明建设和青海省第十三次党代会提出三江源地区要把生态保护和建设作为首要任务，要加快从农牧民的单一种植、养殖、生态看护向生态、生产、生活良性循环转变，正确处理好保护与发展、保护与民生的关系。

新时代，要牢固树立生态文明建设理念，以保护好“中华水塔”的一山一水、一草一木的要求为目标，以林业重点工程建设为依托，对适宜造林地块加大人工造林，提高造林成活率和保存率；将宜林的牧草地纳入人工造林，给予牧民生态补偿，缓解林牧矛盾，鼓励牧民对人工造林地块承包管护；对无林地、疏林地、灌木林地加大封山育林，保证植被自我修复，实现森林资源有效增长。

玛可河林区“一地两证”的矛盾十分突显，国家实施的重点生态工程为牧民群众的生活提供了一定的帮助和支持，但这远远没有从根本上解决林区与牧民群众共同发展的问题。根据国有林区改革指导意见，要创新资源管护方法，探讨研究“一地两证”管理办法，改善林牧矛盾，以“因养林而养人”为方向，让林区更多的牧民群众参加到森林管护，增加收入，逐步解决玛可河林区的社会矛盾问题。同时，创新森林资源村级承包管护模式，使更多的牧民群众受益，享受国有林区改革的“红利”，由“靠山吃山”变为“养山富山”。

要转变牧民群众传统以木材生活方式的思想观念，一方面要加快国家大电网进入林区，在林区推行“以电代薪”，由财政加大生态补偿的转移支付补助标准，对林区群众电费给予补助，彻底解决生活能源问题；另一方面，群众的住房为石木碉楼结构，无抗震和保暖性能，还存在极大的火灾隐患。因此，借助国家实施的牧民保障性住房改造和乡村振兴战略，对藏区牧民群众给予特殊的住房改造补助政策，鼓励群众转变传统石木结构住房，缓解玛可河林区群众的林木矛盾，加快玛可河林区牧民群众脱贫致富奔小康，建设安居乐业的美丽家园。

在开展国家各项生态保护项目的同时，开展各项社区共同管理工作。参与式社区共同管理是社区内全体成员共同参与自然资源保护和管理的决策、实施和评估的过程，是以当地社区村民为主体对社区内的自然资源进行合理利用和管理的模式。它特别强调社区在共同管理中发挥的主导作用，村民参与生物多样性保护管理工作，不仅参与项目的全过程，而且要从中受益，并保证社区在持续利用资源时与保护区生物多样性保护目标相一致，其最终目标是自然资源保护和社区可持续发展的结合。通过社区共同管理使当地动植物资源得到有效保护，野生动物种群数量及其栖息地得以恢复，草地及森林生态系统的整体功能得以发挥，社区保护能力和资源管理能力得到加强，牧民保护自然环境的意识得到提高，社会经济状况得到进一步改善。

3 玛可河林区动物区系及多样性特点

动物区系是指在历史发展过程中形成而在现代生态条件下存在的许多动物类型的总体。由于地理及其气候屏障而彼此隔开，动物分界明显。根据分布，世界脊椎动物可划分为6个区系（界），即古北区（界）、新北区（界）、埃塞俄比亚区（界）（热带界）、东洋区（界）、新热带区（界）和大洋洲区（界）。玛可河林区自然景观类型多样，野生动物资源丰富，被誉为“高原物种基因库”。本章将从动物区系、多样性、国家重点保护及特有物种、动物濒危性等方面展开分析。

3.1 玛可河林区两栖动物区系特点

玛可河林区两栖动物共记录6种（见表3.1），即无斑山溪鲵、刺胸齿突蟾、西藏齿突蟾、高原林蛙、新都桥湍蛙和倭蛙，分属2目4科5属。按区系分析，全属于古北界青藏区物种。按动物地理区划分，两栖动物全属于喜马拉雅横断山型。按生态类群分，两栖动物有流水型、陆栖流水型、陆栖静水型：流水型有无斑山溪鲵1种，占记录的两栖类总种数的16.67%；陆栖流水型有刺胸齿突蟾、西藏齿突蟾和新都桥湍蛙3种，占两栖类总种数的50%；陆栖静水型有高原林蛙和倭蛙2种，占总种数的33.33%。

表 3.1　玛可河林区记录的两栖动物

中文名	拉　丁　名	目　名	科　名	数据采集方法*
无斑山溪鲵	*Batrachuperus karlschmidti*	有尾目	小鲵科	ABD
刺胸齿突蟾	*Scutiger mammatus*	无尾目	角蟾科	ABD
西藏齿突蟾	*Scutiger boulengeri*	无尾目	角蟾科	ABD
高原林蛙	*Rana kukunoris*	无尾目	蛙科	ABD
新都桥湍蛙	*Amolops xinduqiao*	无尾目	蛙科	AB
倭蛙	*Nanorana pleskei*	无尾目	叉舌蛙科	ABD

数据采集方法*：A——样方法；B——样线法；C——自动红外相机陷阱法；D——访问调查法；E——其他方法。

3.2　玛可河林区爬行动物区系特点

玛可河林区爬行动物共记录2种（见表3.2），即若尔盖蝮和白条锦蛇，分属1目2科2属。按区系分析，爬行动物全属古北界物种，其中若尔盖蝮仅属于古北界青藏区；按动物地理区划分，若尔盖蝮为喜马拉雅横断山型，白条锦蛇为古北型；按生态类群分，爬行动物全属陆栖型。

表 3.2　玛可河林区记录的爬行动物

中文名	拉　丁　名	目　名	科　名	数据采集方法*
若尔盖蝮	*Gloydius angusticeps*	有鳞目	蝰科	ABD
白条锦蛇	*Elaphe dione*	有鳞目	游蛇科	ABD

数据采集方法*：A——样方法；B——样线法；C——自动红外相机陷阱法；D——访问调查法；E——其他方法。

3.3　玛可河林区兽类动物区系特点

玛可河林区兽类动物共记录28种（见表3.3），隶属于4目11科23属。其中以食肉目种数最多（16种），占总种数的57.14%；偶蹄目次之（8种），占总种数的28.57%。从科级单元上看，鼬科（6种）为优势科，占总种数的21.43%；其次为猫科（5种），各占总种数的17.86%。

表 3.3 玛可河林区兽类动物多样性

物种名	拉 丁 名	目名	科名	数据采集方法*
猕猴	*Macaca mulatta*	灵长目	猴科	BCDE
狼	*Canis lupus*	食肉目	犬科	BCDE
藏狐	*Vulpes ferrilata*	食肉目	犬科	BCDE
沙狐	*Vulpes corsac*	食肉目	犬科	BCDE
赤狐	*Vulpes vulpes*	食肉目	犬科	BCDE
棕熊	*Ursus arctos*	食肉目	熊科	BCD
黄喉貂	*Martes flavigula*	食肉目	鼬科	BC
黄鼬	*Mustela sibirica*	食肉目	鼬科	BC
香鼬	*Mustela altaica*	食肉目	鼬科	BC
欧亚水獭	*Lutra lutra*	食肉目	鼬科	B
亚洲狗獾	*Meles leucurus*	食肉目	鼬科	BC
猪獾	*Arctonyx collaris*	食肉目	鼬科	BC
荒漠猫	*Felis bieti*	食肉目	猫科	BC
豹猫	*Prionailurus bengalensis*	食肉目	猫科	BC
兔狲	*Otocolobus manul*	食肉目	猫科	BCD
猞猁	*Lynx lynx*	食肉目	猫科	BC
豹	*Panthera pardus*	食肉目	猫科	BCD
野猪	*Sus scrofa*	偶蹄目	猪科	BCD
马麝	*Moschus chrysogaster*	偶蹄目	麝科	BC
毛冠鹿	*Elaphodus cephalophus*	偶蹄目	鹿科	BC
水鹿	*Cervus equinus*	偶蹄目	鹿科	BCD
马鹿	*Cervus yarkandensis*	偶蹄目	鹿科	BC

续　表

物种名	拉　丁　名	目名	科名	数据采集方法
白唇鹿	*Przewalskium albirostris*	偶蹄目	鹿科	BC
中华鬣羚	*Capricornis milneedwardsii*	偶蹄目	牛科	BCD
中华斑羚	*Naemorhedus griseus*	偶蹄目	牛科	BCD
高原鼠兔	*Ochotona curzoniae*	兔形目	鼠兔科	B
藏鼠兔	*Ochotona thibetana*	兔形目	鼠兔科	B
灰尾兔	*Lepus oiostolus*	兔形目	兔科	B

数据采集方法*：A——样方法；B——样线法；C——自动红外相机陷阱法；D——访问调查法；E——其他方法。

从区系组成看，玛可河林区记录的兽类中，古北界物种有18种，占总种数的64.29%；东洋界物种8种，占总种数的28.57%；广布种2种，占7.14%。由此可见，古北界物种占优势。

按动物地理区划分，玛可河林区记录的兽类中古北型有8种，占总种数的28.57%；全北型有3种，占总种数的10.71%；喜马拉雅横断山型有6种，占总种数的21.43%；季风区型有4种，占总种数的14.29%；东洋型有5种，占总种数的17.86%；南中国型有1种，占总种数的3.57%；旧大陆热带-亚热带型有1种，占总种数的3.57%。因此，喜马拉雅横断山型物种占优势。

3.4 玛可河林区两爬动物及兽类动物多样性分析

采用属D_G、科D_K和目D_O的多样性指数来分别分析各分类单位的生物多样性；并假定，如果一个地区仅有1个物种，则定义该地区多样性指数为0。具体计算方法如下。

（1）属多样性指数D_G：

$$D_G = -\sum_{j=1}^{p} q_j \ln q_j$$

式中：$q_j = S_j/S$，S为名录中某纲中的物种数；S_j为某纲中j属中的物种数；p为某纲中的属数。

（2）科多样性指数D_F：

$$D_{Fk} = -\sum_{i=0}^{n} p_i \ln p_i$$

式中：$p_i = S_{ki}/S_k$，S_k为名录中k科中的物种数；S_{ki}为名录中k科i属中的物种数；n为k科中的属数。

$$D_F = \sum_{k=1}^{m} D_{Fk}$$

式中：m为名录中某纲的科数。

（3）目多样性指数D_O：

$$D_{Ok} = -\sum_{i=1}^{n} p_i \ln p_i$$

式中：$p_i = S_{ki}/S_k$，S_k为名录中k目中的物种数；S_{ki}为名录中k目i科中的物种数；n为k目中的科数。

$$D_O = \sum_{k=1}^{m} D_{Fk}$$

式中：m为名录中某纲的目数。

（4）均匀性指数J：

$$J = -\sum_{i=1}^{n} \left(\frac{s}{S}\right) \ln \left(\frac{s}{S}\right) \Big/ \ln S$$

式中：n为名录中某纲的目数（或科数或属数）；s为名录中某纲某目的科数（或某科的属数或某属的种数）；S为名录中某纲的总科数（或总属数或总种数）。

从目多样性指数看，D_O以兽类最高，为3.101；D_O以爬行类最低，为0.693。J以兽类最高，为0.527；J以爬行类最低，为0。因此，爬行类所属目最贫乏，而兽类所属目最丰富（见图3.1）。

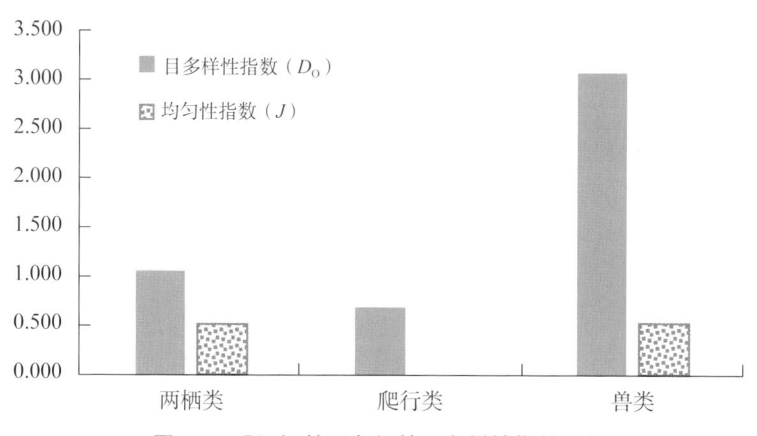

图3.1　玛可河林区各纲的目多样性指数分析

从科多样性指数看，D_F以兽类最高，为5.465；D_F以爬行类最低，为0。从均匀性指数看，J以爬行类最高，为1；J以两栖类最低，为0.871。因此，爬行类所属科最贫乏，而兽类所属科最丰富，但爬行类所属科分布最均匀（见图3.2）。

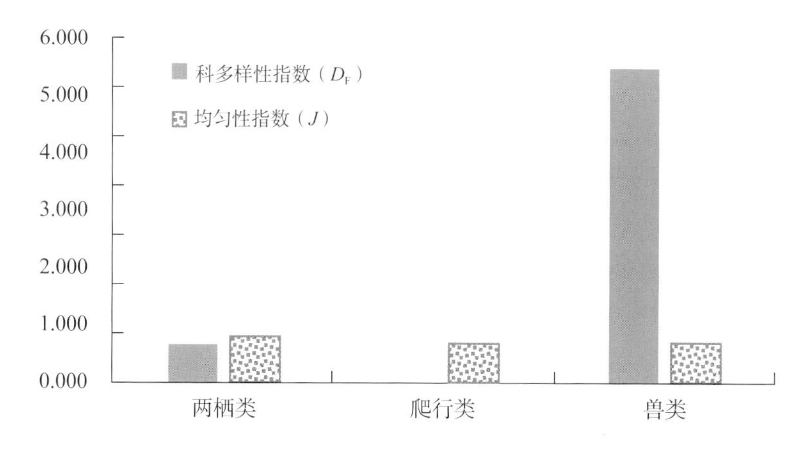

图3.2　玛可河林区各纲的科多样性指数分析

从属多样性指数看，D_G以兽类最高，为3.066；D_G以爬行类最低，为0.693。从均匀指数看，J以爬行类最高，为1；J以两栖类最低，为0.871。因此，爬行类所在属最贫乏，而兽类所在属最丰富，爬行类分布最均匀（见图3.3）。

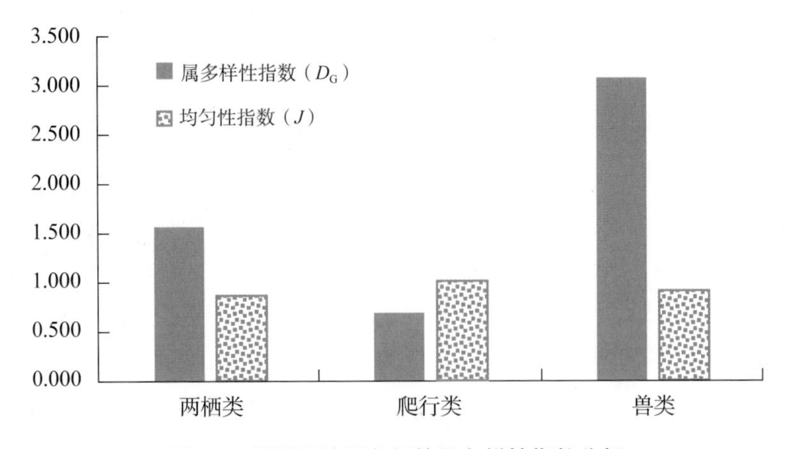

图3.3　玛可河林区各纲的属多样性指数分析

综上所述，玛可河林区爬行类的种类十分稀少，两栖类也很稀少，其原因可能是严酷的自然环境不适合这类物种生存与繁衍。因为该地区独特的环境条件，孕育的物种有较大比例属于我国特有的，所以具有较强适应性的兽类是最为丰富的。

3.5　国家重点保护及特有物种分析

在玛可河林区记录的3类野生动物中，国家Ⅰ级重点保护动物有荒漠猫、豹、马麝、白唇鹿等4种，占总种数的11.11%；国家Ⅱ级重点保护动物有无斑山溪鲵、猕猴、狼、藏狐、沙狐、赤狐、棕熊、黄喉貂、欧亚水獭、兔狲、豹猫、猞猁、毛冠鹿、水鹿、马鹿、中华鬣羚和中华斑羚等17种，占总种数的47.22%；列入《国家保护的有益的或者有重要经济、科学研究价值的陆生野生动物名录》的物种有刺胸齿突蟾、西藏齿突蟾、高原林蛙、新都桥湍蛙、倭蛙、若尔盖蝮、白条锦蛇、黄鼬、香鼬、亚洲狗獾、猪獾、野猪和灰尾兔等13种，占总种数的36.11%。

玛可河林区记录的3类野生动物中，中国特有物种有无斑山溪鲵、刺胸齿突蟾、高原林蛙、倭蛙、荒漠猫、马鹿和白唇鹿等7种，占总种数的19.44%。

综上所述，该区域野生动物保护级别高的物种数占比例相对较大，而且该区域的中国特有种也比较丰富，因此其保护压力很大。

3.6 玛可河林区动物濒危性分析

国际上普遍采用的是世界自然保护联盟（International Union for Conservation of Nature，IUCN）濒危物种红色名录（*Red List Categories and Criteria*）的评估标准，对野生动物的现状进行濒危等级评价，以此开展保育工作。其濒危等级标准为：① 灭绝（extinct，EX）指一个物种的最后一个体已经死亡；② 野外灭绝（extinct in the wild，EW）指一个物种的所有个体仅生活在人工养殖状态下；③ 区域灭绝（regionally extinct，RE）指一个物种在某个区域内的最后一个体已经死亡；④ 极危（critically endangered，CR）指野生种群面临即将绝灭的概率非常高；⑤ 濒危（endangered，EN）指野生种群已经降低到濒临灭绝或绝迹的临界状态，且致危因素仍在继续，如不采取有效措施，在不远的将来，这个物种可能会灭绝；⑥ 易危（vulnerable，VU）指野生种群已明显下降，如不采取有效保护措施，该物种势必成为濒危物种，或因近似某濒危物种，必须予以保护以确保该濒危物种的生存；⑦ 近危（near threatened，NT）指一物种未达到极危、濒危或易危标准，但在未来一段时间内，接近符合或可能符合受威胁等级；⑧ 无危（least concern，LC）指一物种未达到极危、濒危、易危或近危标准广泛分布和个体数量多的物种都属于该等级；⑨ 数据缺乏（data deficient，DD）指缺乏足够的信息对某一物种的灭绝风险进行评估。

为全面评估中国野生脊椎动物濒危状况，环境保护部[①]联合中国科学院于2013年启动了《中国生物多样性红色名录——脊椎动物卷》编制工作，并于2016年发表了《中国脊椎动物红色名录》，该名录使用了IUCN的等级评估标准。本书也采用此标准进行分析。

《濒危野生动植物种国际贸易公约》（*Convention on International Trade in Endangered Species of Wild Fauna and Flora*，CITES）附录Ⅰ纳入了所有

① 2018年改为生态环境部。

受到和可能受到贸易影响而有灭绝危险的物种，其商业性国际贸易被严格禁止；附录Ⅱ纳入了目前虽未濒临灭绝但如对其贸易不严加管理以防止不利其生存的利用就可能变成有灭绝危险的物种，以及为了使上述某些物种的贸易能得到有效的控制而必须加以管理的其他物种，其国际贸易受到严格限制；附录Ⅲ纳入了任一缔约国认为属其管辖范围内应进行管理以防止或限制开发利用而需要其他缔约国合作控制贸易的物种，其出口受到一定限制。

本书在玛可河林区记录的3类动物中，荒漠猫和马麝等2种被列入极危（CR），占总种数的5.56%；欧亚水獭、兔狲、猞猁、豹、马鹿和白唇鹿等6种被列入濒危级（EN），占16.67%。棕熊、豹猫、毛冠鹿、中华鬣羚、中华斑羚和无斑山溪鲵等6种被列入易危（VU），占16.67%。狼、藏狐、赤狐、沙狐、黄喉貂、香鼬、亚洲狗獾、猪獾、水鹿和诺尔盖蝮等10种被列入近危（NT），占30.55%。其余11种被列入无危（LC），占总种数的30.55%（见表3–4）。

棕熊、欧亚水獭、豹、水鹿、中华鬣羚和中华斑羚等6种被CITES附录Ⅰ收录，占总种数的16.67%；猕猴、狼、荒漠猫、豹猫、兔狲、猞猁和马麝等7种被CITES附录Ⅱ收录，占总种数的19.44%；黄喉貂、黄鼬、香鼬和毛冠鹿等4种被CITES附录Ⅲ收录，占总种数的11.11%（见表3.4）。

表 3.4　玛可河林区记录的三类动物的濒危性

纲名	濒危等级					CITES收录		
	LC	NT	VU	EN	CR	附录Ⅰ	附录Ⅱ	附录Ⅲ
两栖纲	5		1					
爬行纲	1	1						
哺乳纲	5	10	5	6	2	6	7	4

4 玛可河林区兽类及两爬动物调查

玛可河林区地处青藏高原东南部巴颜喀拉山支脉果洛山的南麓，是我国高寒林区重要的生物种群库，茂密的原始森林和丰富的动植物资源使得这里成为生物学家、生态学家开展研究的“天堂”，被誉为果洛“小江南”。两栖动物是脊椎动物从水生到陆生的过渡类群，幼体在水中发育、成体水生或水陆两栖，且具有体温不恒定的生物学特性，是低等四足动物。爬行动物是体披角质鳞片、在陆地繁殖的变温羊膜动物，其历史演化可追溯到古生代石炭纪末期，可在陆地繁殖，在防止体内水分蒸发和陆地运动能力方面均超过两栖动物。兽类动物是自然生态系统的重要组成部分，在全球生物多样性组成与生态功能方面扮演着重要角色。兽类动物是全身披毛、运动快速、恒温、胎生和哺乳的脊椎动物，是脊椎动物中躯体结构、功能和行为最复杂的一个高等动物类群。兽类动物保护是生物多样性保护的关键和脆弱缓解，在自然保护地中一直受到人类的关注。本章将从玛可河林区两栖动物、爬行动物和兽类动物分类进行论述。

4.1 两栖动物调查

两栖动物既有适应陆地生活的性状，又有从鱼类祖先继承下来适应水生生活的性状。由于其皮肤裸露，表面没有鳞或者毛等覆盖，故对陆上生活的适应性较差。它们只能通过分泌黏液，保持身体湿润，来维持陆地生活，而且它们的幼体必须在水中生活，用鳃进行呼吸。因此，两栖动物是脊椎动物从水栖到陆栖的过渡类型，是最原始的陆生脊椎动物。

由于玛可河林区气候条件偏高寒，对两栖类这类变温动物来说是一个较为不利的环境，因此记录的两栖动物较少，仅发现2目4科5属6种，占青海省野生两栖动物总种数的54.55%。

无斑山溪鲵 *Batrachuperus karlschmidti* 小鲵科 卵生

英文名：Schmidt's Stream Salamander。

别名：无角鞘山溪鲵。

鉴别特征：体长15～22 cm。躯干肥大近圆柱形，背腹略扁；尾长略短于头体长，基部略圆，向后逐渐侧扁。头长略大于头宽，吻短略呈方形；鼻孔略近吻端；眼径大于眼前角到鼻孔间距；口角位眼后角下方，上唇褶很发达，下唇褶弱，为上唇褶所遮盖；上、下颌骨有细齿；犁骨齿2短列，每侧有齿4～6枚；舌小而长，两侧游离。四肢短，前肢略短于后肢，且较后肢细；指/趾4个，略宽扁，

无斑山溪鲵

无斑山溪鲵

末端钝圆，基部无蹼。皮肤光滑，侧肋沟12～13条。生活时体表无斑点或条纹，体背面黑褐色或黑灰色，腹面颜色稍亮。

习性：栖息于山地小溪中。常见于较平整的石头下面；主要以水中的对虾、石蝇幼虫等为食。

保护状态：中国特有种；国家Ⅱ级重点动物；保护级别易危（VU）。

本地种群现状：见于吉拉沟、发电沟、上贡沟、下贡沟、依浪沟、美浪沟、灯塔水磨沟、上俄沟、下俄沟、满子沟、哑巴沟、格日则沟等。种群规模表现为分布相对较广、数量相对较少。

刺胸猫眼蟾 *Scutiger mammatus* 角蟾科 卵生

英文名：Spiny-chested Cat-eyed Toad。

鉴别特征：体长6～8 cm，体型肥硕。头较扁平，头长略小于头宽；吻端圆，略突出下唇；吻棱钝，额部向外倾斜，略凹陷；鼻孔位于吻眼之间；瞳孔纵置，蓝黑色；无鼓膜和鼓环。上颌多无齿或具短而稀疏齿突，无犁骨齿；舌卵圆，后端无缺刻。前臂及指

刺胸猫眼蟾

长约为体长之半，关节下瘤不显；内跖突椭圆形，无外跖突。后肢短，足比胫长；前伸贴体时胫跗关节达肩部或口角，雌蟾者仅达肩后。生活时体背一般面暗瞰揽褐色，两眼间有酱黑色三角形斑，有的个体延伸到肩部，有的与背疣周围的酱黑色斑相连；腹部黄灰色；四肢背面较体背的略浅，四肢腹面及颌下部紫灰色。雄性内侧2指婚刺大，呈锥状；胸部刺团一对，其上黑刺较大而稀疏。

习性：栖息于高原高寒山区较平缓中小型山溪或泉水流溪内。常见于河边缓流处石下或极潮湿的岸边大石下，一般不远离水源活动，行动迟缓。夜间出外捕食，常蹲于石上。成蟾被翻出后，在水中不动或缓慢爬行，在水流较急处常被流水冲击而翻滚。每年繁殖期6—8月，每个卵群含卵485～718粒。

保护状态：中国特有种；“三有名录”动物；保护级别无危（LC）。

本地种群现状：见于王柔沟、红军沟、格日则沟等。种群规模表现为分布十分狭小、数量相对较少。

西藏齿突蟾 *Scutiger boulengeri* 角蟾科 卵生

英文名：Xizang AIpine Toad。

别名：癞瓜子。

鉴别特征：体长 5 ～ 7 cm。体型较窄扁。头较扁平，头长略小于头宽，约为体长的1/3；吻端圆，吻棱不显；鼻孔位于吻眼之间，鼻间距大于眼间距而小于上眼睑宽；无鼓膜。上颌有短齿突或无，无犁骨齿；舌长梨形，后端游离，多无缺刻，少数有浅缺刻。前臂及手长不到体长之半；指细长，关节下瘤不显；内跖突窄长，无外跖突。后肢短，胫长不及体长之半，足比胫长；前伸贴体时胫跗关节达肩部。皮肤粗糙，头部较光滑。雄蟾背部满布大小刺疣，上臂基部腹面有小黑刺团，腹部密布扁平圆疣。雄蟾胸腺1对，胸侧腋腺略小，满布细密黑刺；雌蟾腋腺大而无刺。生活时整个背面灰橄榄色，雌蟾三角形斑较为显著；瞳孔纵置，周围金黄色，有棕色小点；吻棱及颞褶下方色较深，体侧疣粒色浅；四肢背面无横纹或很不显著；喉和胸部米黄色，腹部色略浅。

西藏齿突蟾

西藏齿突蟾

习性：栖息于高山或高原的小山溪、泉水石滩地或古冰川湖边。成蟾以陆栖为主，仅繁殖期进入流溪内。每年繁殖期6—8月，雌蟾产卵380粒左右。

保护状态："三有名录"动物；保护级别无危（LC）。

本地种群现状：见于王柔沟、依浪沟、美浪沟、沙沟、格日则沟等。种群规模表现为分布很狭小、数量相对较多。

高原林蛙 *Rana kukunoris* 蛙科 卵生

英文名：Plateau Brown Frog。

鉴别特征：体长5～6 cm。体型较粗短。头宽略大于头长；吻端钝圆而略尖，突出于下唇，吻棱较钝；鼻孔在吻眼中间，眼间距小于鼻间距和上眼睑宽；鼓膜约为眼径之半；犁骨齿两短列斜行，位于内鼻孔内后方；舌后端缺刻深。前臂及指长不到体长之半；指细长；关节下瘤发达，内、外掌突均明显。后肢较短，前伸贴体时胫关节前达肩部或鼓膜；胫长小于体长之半，足比胫长；蹼较发

高原林蛙

达；关节下瘤小；内跖突呈长椭圆形，外跖突极小或无。背面皮肤较粗糙，背部及体侧有分散较大的圆疣及少数长疣。生活时体色变异较大，鼓膜有黑褐色三角形斑，有的个体两眼之间有一黑褐色横纹；背面灰褐色、棕褐色、棕红色或灰棕色，疣粒颜色略浅且常围以黑色；背侧褶色较浅，体侧散有深色或红色点斑；四肢背面具黑褐色横纹，股内侧绿黄色、外侧肉红色。

习性：栖息于高原地区的各水域及其附近的湿润环境中，一般不远离水域。成蛙白天常隐伏于水域岸边的杂草、灌丛、作物丛、石块下或泥洞内，黄昏后外出活动为主，白天亦有觅食活动。行动较为敏捷，若受惊扰即迅速跳入水中或潜藏于草、灌丛下。每年繁殖期3—6月，每个卵群含卵700～2 000粒。

保护状态：中国特有种；“三有名录”动物；保护级别无危（LC）。

本地种群现状：见于吉拉沟、水磨沟、发电沟、王柔沟、石灰沟、依浪沟、美浪沟、执洪沟、灯塔水磨沟、满子沟、沙沟、格日则沟等。种群规模表现为分布相对较广、数量很多。

新都桥湍蛙 *Amolops xinduqiao* 蛙科 卵生

英文名：Xinduqiao Torrent Frog。

鉴别特征：体长4～6 cm。体型较宽扁。头长与头宽相等或头宽稍大于头长；鼓膜小而清晰，犁骨齿列两行；下颌前端无骨质突起。前肢适中，前臂及手长近体长之半；第一指指端膨大无沟，其余各指吸盘大且均有边缘沟。后肢较长，前伸贴体时胫跗关节达或超过鼻孔，胫长超过体长之半，各趾均具吸盘和边缘沟，趾间全蹼。雄性无声囊。皮肤光滑无刺，无背侧褶，仅体侧有稀疏小痣粒；腹面光滑，肛门附近和股基部疣粒较多。生活史体背面多为黄蓝色或灰棕色，杂以黑色或黑棕色云斑，有的个体四肢上有较规则的横纹；腹面白色，咽喉部紫灰色。

习性：栖息于靠近缓坡的河流或大的溪流，生境周围有少量大树、浓密的灌木及草丛。成体通常在晚上觅食，停于石头上，白天藏于石头下及草丛。

保护状态：“三有名录”动物；保护级别无危（LC）。

新都桥湍蛙

本地种群现状：仅见于王柔沟。种群规模表现为分布十分狭小、数量相对较少。

倭蛙 *Nanorana pleskei* 叉舌蛙科 卵生

英文名：Plateau Frog。

鉴别特征：体长3～5 cm。体型较小，吻尖圆，吻棱明显；瞳孔椭圆、横置，鼓膜不显，犁骨齿细小，舌后微具缺刻。前肢短，指端圆，掌突不显；后肢短，胫跗关节向前可达肩部，趾具全蹼。皮肤粗糙，体背具长疣略成纵行。雄性第一指内侧具发达的肉垫，无声囊。生活时瞳孔黑色，虹膜上半为灰绿色，下半为灰棕色或棕色，散有金属光泽细点；自吻端经鼻孔至眼前角有一醒目的黄褐色条纹；颌缘及指、趾端米黄色或黄绿色；身体背面深橄榄绿或黄绿色，有深棕色或黑褐色大椭圆斑，一般散布在长疣上，其边缘镶以浅色线纹；有的个体背面有一条自吻后直达肛部的米黄色或灰白色脊纹；后肢有不规则的斑纹；腹面灰白色，但在产卵季节，雌

倭蛙

蛙的四肢腹面均为鲜黄色。

习性：常栖息于高原沼泽地带的水坑、水塘以及水沟、小溪及其附近。白天多隐伏在石块下或草丛中。夜出活动，行动迟缓，捕食各种昆虫。有的蹲于水边，受惊扰即跳于水中或蹿于石块下。产卵主要在每年4—6月，每个卵群含卵几粒至数十粒不等，有的呈单粒状。

保护状态：中国特有种；“三有名录”动物；保护级别无危（LC）。

本地种群现状：见于发电沟、红军沟、美浪沟等。种群规模表现为分布十分狭小、数量相对较多。

4.2 爬行动物调查

爬行动物的身体构造和生理机能比两栖类更能适应陆地生活环境，其繁殖也脱离了水的束缚，是真正适应陆栖生活的变温脊椎动物。体被角质鳞片，能防止体内水分的丧失，提高抗干旱的能力，而且鳞片也具有一定的抗寒性。颈延长，头可以灵活转动，增加了捕食能力，更能充分发挥头部等感觉器官的功能。骨骼系统较发达，有利于支持身体、保护内脏，也增强了运动能力。除此之外，大脑功能比两栖类有了进一步增强。

经过野外综合资源调查与相关资料考证，玛可河林区共记录到野生爬行动物1目2科2属2种，占青海省野生爬行动物总种数的15.38%。

若尔盖蝮 *Gloydius angusticeps* 蝰科 卵胎生

英文名：Zoige Fu。

别名：高原蝮、麻蛇。

鉴别特征：体长45～55 cm。体型粗壮，头窄而长。吻较钝圆，吻棱不显；鼻间鳞略呈梯形，外侧缘不尖细。上唇鳞7枚，少数6枚；下唇鳞10枚，少数8枚或9枚；背鳞21（19）-21（19）-15（17）行。腹鳞148～175枚；尾下鳞31～42枚。生活时体背面灰褐色，杂以不规则的黑褐色斑点或横斑或网状斑；体腹面土黄色，密布细黑点。顶鳞上有一对圆形斑点；枕部有一对弓形条纹延伸至颈

若尔盖蝮

部；眼后至口角一条棕褐色纵纹，上唇缘和头腹面灰白色。

习性：栖息于高山高原草原地区，多出没于乱石堆处。雨后天晴常聚集栖于山坡、路边或梯田旁的石上。多在夜晚活动。以蜥蜴、蛙类为食。每窝产仔5个左右。

保护状态："三有名录"动物；保护级别近危（NT）。

本地种群现状：仅见于满子沟。种群规模表现为分布十分狭小、数量十分少。

白条锦蛇 *Elaphe dione* 游蛇科 卵生

英文名：Dione Ratsnake。

别名：黑斑蛇、麻蛇、枕纹锦蛇等。

鉴别特征：体长60～80 cm。头略呈椭圆形，体尾较细长。吻鳞略呈五边形，宽大于高；鼻间鳞成对，宽大于长；前额鳞1对近方形；额鳞单枚成盾形；顶鳞1对，较额鳞长；颊鳞1枚，长大于高；上唇鳞8枚，第7枚最大；下唇鳞10～11对；背鳞25（23）-25（23）-

19（17）行；腹鳞173～193枚（♂）或177～189枚（♀）；尾下鳞54～60对（♂）或63～69对（♀）；肛鳞对分。生活时头顶有黑褐色斑纹3条，最前一条较细或不明显，第二条很宽，第三条最宽，呈“钟形”两侧联结，形成一特殊的枕纹；背面苍灰、灰棕或棕黄色；躯尾背面具3条浅色纵纹，正背中一条窄而模糊，常被黑斑隔断，两侧的两条较宽；腹鳞及尾下鳞两外侧斑点粗大，且断续缀连如链，有的个体腹两侧尚散有棕红色小斑点。

习性：栖息于田野、坟堆、草坡、林区、河边及近旁，也常见于菜园、农家的鸡窝、畜圈附近，有时为捕食鼠类进入老土房。晴天白天和傍晚出来活动。生命力强，耐饥渴。性情比较温顺，行动较迟缓。捕杀小鸟、蜥蜴及小型鼠类为食。于7月至8月产卵于深穴或石缝内，每次产卵10个左右。

保护状态：“三有名录”动物；保护级别无危（LC）。

本地种群现状：仅见于王柔沟。种群规模表现为分布十分狭小、数量十分少。

白条锦蛇

4.3 兽类动物调查

兽类又名哺乳类，它们的变化较大，适应性强，从海洋到极地，在广泛的区域内都可以很好生存。人类与兽类有着密切的关系，历史上它们被当作崇拜、定罪和祭祀的对象。它们很久前就被驯化家养而用于各种用途，包括作为人类的伙伴，为人类提供食物和作为劳动力的牲畜。

兽类具有复杂的身体组织结构，可以维持较高的体温（恒温），这就需要它们比爬行动物和昆虫等变温动物摄取更多的食物。但高而恒定的体温可以使它们在严酷的条件下也能活动。兽类的行为表现在动物界中也是最复杂的，多数种类能够学习知识和技能，并能够将技能和知识传给后代；有些物种还能通过复杂的通讯方法而形成一些复杂的社会群体。

根据调查、整理、统计，玛可河林区共记录到野生兽类4目11科23属28种，占青海省野生兽类总种数的24.35%。其中，列入国家Ⅰ级重点保护名录的有荒漠猫、金钱豹、马麝、白唇鹿等2目3科4属4种，占该地兽类总种数的14.29%；列入国家Ⅱ级重点保护名录的有猕猴、狼、藏狐、沙狐、赤狐、棕熊、黄喉貂、水獭、兔狲、豹猫、猞猁、毛冠鹿、水鹿、马鹿、中华鬣羚和中华斑羚等3目7科13属16种，占该地兽类总种数的57.14%。

猕猴 *Macaca mulatta* 灵长科 **11—12月发情**

英文名：Zimmermann。

别名：猢猴、黄猴、沐猴、恒河猴、老青猴等。

鉴别特征：体长47～64 cm，尾长19～30 cm。躯体粗壮，头部圆形，额略突，眉骨高，眼窝深，具颊囊；吻部突出，两颚粗壮，鼻孔朝前；前肢与后肢约等长，手足均有5指/趾，具扁平的指甲，拇指能与其他四指相对，抓握东西灵活。头部棕色，面部、两耳多为肉色；背部棕灰或棕黄色，腹面淡灰黄色；臀胝发达，多为肉红色。

习性：主要栖息于石山峭壁、溪旁沟谷和江河岸边的密林中或疏林岩山。昼行性；喜集群，成10余只乃至数百只大群。常上树嬉戏，相互之间联系时会发出各种声音或手势，互相之间梳毛也是一项重要社

猕猴

交活动。以树叶、嫩枝、野菜等为食，也食各种昆虫。3—6月产仔，或3年生2胎，每胎产仔1只。

保护状态：国家Ⅱ级重点保护动物；CITES附录Ⅱ；保护级别：无危（LC）。

本地种群现状：见于吉拉沟、王柔沟、石灰沟、上贡沟、下贡沟、依浪沟、美浪沟、执洪沟、灯塔水磨沟、下俄沟、满子沟、沙沟、哑巴沟、格日则沟等。种群规模表现为分布很广、数量很多。

狼 *Canis lupus* 犬科 2—4月发情

英文名：Gray Wolf。

别名：灰狼、普通狼、平原狼、森林狼、苔原狼等。

鉴别特征：体长100 ～ 120 cm，尾长35 ～ 45 cm。体型中等、匀称，外形与犬、豺相似，四肢修长，趾行性。吻尖口宽，鼻端突出；耳尖且直立，具黑色簇毛。尾下垂，夹于两后腿之间。前足4 ～ 5趾，后足一般4趾；爪粗而钝，不能或略能伸缩。毛色随产地而异，多为灰黄色或青灰色，整个头部、背部以及四肢外侧毛色黄褐、棕灰

狼

色，但四肢内侧以及腹部毛色较淡。

习性：栖息于森林、沙漠、山地、寒带草原、针叶林、草地等处。通常群体行动，狼群由家族成员为主。主要在夜间活动。嗅觉敏锐，听觉发达。机警，多疑，善奔跑，耐力强。

保护状态：国家Ⅱ级重点保护动物；CITES附录Ⅱ；保护级别近危（NT）。

本地种群现状：见于吉拉沟、水磨沟、王柔沟、红军沟、下贡沟、依浪沟、美浪沟、执洪沟、灯塔水磨沟、上俄沟、下俄沟、满子沟、沙沟、哑巴沟、格日则沟等。种群规模表现为分布很广、数量较多。

藏狐 *Vulpes ferrilata* 犬科 2—3月发情

英文名：Tibetan fox。

别名：西沙狐、抄狐、草地狐、藏沙狐。

鉴别特征：体长50～65 cm，尾长25～30 cm。毛被厚而致密、柔软。尾长小于头体长之半。鼻吻窄，淡红色。耳小，耳后茶色，耳内白色。头冠、颈、背、四肢下部浅红棕色。尾长小于头体长之半，尾

藏狐

毛蓬松，除尾尖白色外其余灰色。体侧有浅灰色宽带，与背部和腹部明显区分。腹部淡白色到淡灰色。

习性：栖息于高寒草甸、高山草原、荒漠草原及山地的半干旱到干旱地带。主要在早晨和傍晚活动，但也见于全天的其他时间活动。独居，有时见家庭群。洞穴见于大岩石基部、老的河岸线、低坡以及其他类似地点。主要以鼠兔和啮齿类为食。单配制动物，每胎产仔2～5只。

保护状态：国家Ⅱ级重点保护动物；保护级别近危（NT）。

本地种群现状：见于吉拉沟、水磨沟、王柔沟、石灰沟、红军沟、美浪沟、沙沟、哑巴沟、格日则沟等。种群规模表现为分布相对较小、数量相对较少。

沙狐 *Vulpes corsac* 犬科 1—3月发情

英文名：Corsac Fox。

别名：东沙狐。

沙狐

鉴别特征：体长45～60 cm，尾长25～35 cm。体型比赤狐略小，但腿较长；颊短而吻尖，耳大而尖，耳基宽阔；尾长约为头体长之半。头部浅沙褐色到暗棕色，颊部较暗，耳壳背面和四肢外侧灰棕色。背毛浅棕灰色或浅红褐色，底色为银色。耳后和尾基颜色与背部相同，尾末端半段呈灰黑色。下颏至胸腹部淡白色至黄色。腹下和四肢内侧白色。夏季毛色近于淡红色。

习性：栖息于开阔的草原和半荒漠地区。夜行性为主，善攀爬、速度中等，听觉、视觉、嗅觉皆灵敏。无固定居住区，在觅食困难的冬雪季节，会向南迁徙。洞穴生活；在冬季，沙狐结成小型觅食群体，群中有配偶和成年子女。以啮齿类动物为主要食物，鸟类和昆虫次之。妊娠期50～60天，春末夏初产仔，每胎产仔2～6只。

保护状态：国家Ⅱ级重点保护动物；保护级别近危（NT）。

本地种群现状：仅见于发电沟。种群规模表现为分布十分狭小、数量十分少。

赤狐 ***Vulpes vulpes*** **犬科** **12月—次年2月发情**

英文名：Red Fox。

别名：红狐、草狐、南狐等。

鉴别特征：体长60～72 cm，尾长 20～40 cm。体型纤长。吻尖而长，鼻骨细长；耳较大，高而尖，直立。躯体覆有长的针毛，冬毛具丰盛的底绒；尾形粗大，覆毛长而蓬松。四肢较短，足掌长有浓密短毛；具尾腺，能释放奇特臭味，称“狐臊”。毛色因季节和地区不同而差异很大，一般背面毛色棕黄或趋棕红或呈棕白色，毛尖灰白，变异甚多。耳背面黑色或黑褐色，吻部两侧具黑褐色毛区。从耳间自头顶至背中央有一栗褐色带，背中央杂有白色毛尖。四肢外侧趋黑色延伸至足面，后肢较呈暗红色。喉、胸及腹部毛色浅淡，呈乌灰及乌白色。尾部上面红褐色而带黑、黄或灰色细斑，尾梢白色。

习性：栖息环境多样，如森林、草原、荒漠、高山、丘陵、平原及村庄附近，甚至于城郊。一般日伏夜出，白天蜷伏洞中。喜单独活动，善

赤狐

于游泳和爬树。性狡猾，记忆力强，听觉、嗅觉很发达。当遇到敌害时，会使用体内藏着的秘密武器——肛腺，分泌出几乎能令其他动物窒息的“狐臭”，恶臭的气味使追击者不得不停下来。主要以野鼠和野兔等为食，也吃蛙、鱼、鸟、鸟蛋、昆虫等。交配，每胎产仔为5～6只。

保护状态：国家Ⅱ级重点保护动物；保护级别近危（NT）。

本地种群现状：见于吉拉沟、水磨沟、发电沟、王柔沟、石灰沟、红军沟、上贡沟、下贡沟、依浪沟、美浪沟、灯塔水磨沟、下俄沟、沙沟、哑巴沟、格日则沟等。种群规模表现为分布很广、数量相对较多。

棕熊 *Ursus arctos pruinosus* 熊科 5—6月发情

英文名：Brown Crizzly Bear。

别名：藏棕熊、马熊、人熊等。

鉴别特征：体长180～280 cm，尾长6～12 cm。躯体粗壮强健，肩背和后颈部肌肉隆起，爪尖不能伸缩。头宽而吻尖长；耳显小，耳壳

棕熊

圆形，通常黑褐色。尾特短，四肢特粗壮，前足掌垫与腕垫分离不相连。毛被丰厚，毛色变异较大，以棕褐色或黑褐色为主，亦有红棕色者，底色为棕黑色。成体胸前有一个比黑熊更大的白色月牙形斑，一直向背延伸到肩部，终生存在；幼体颈部有一白色领环。四肢通常为黑褐色，也有淡色的。爪的颜色随四肢色而变化，但多为淡色。

习性：主要栖息于深山老林，多在针阔混交林或针叶林，甚至可见于山地荒漠草原、高山或高原灌丛草甸的阴坡。除繁殖期和抚幼期外，常单独活动，一般晨昏外出觅食。嗅听觉灵敏，视觉较差。性孤独，善于游泳，在湍急的河水中捕鱼，也能爬树和直立行走，但动作不够灵活。平时行走很缓慢，但奔跑速度很快。有冬眠习性，一般个体独居一个洞穴，雌兽与3岁以下的幼仔同居在一起。在冬眠期间，如果有危险，随时都会醒来。以食肉为主，也食其他植物。每胎产仔1～3只。

保护状态：国家Ⅱ级重点保护动物；CITES附录Ⅰ；保护级别濒危（EN）。

本地种群现状：见于美浪沟、上俄沟、沙沟等。种群规模表现为分布十分狭小、数量十分少。

黄喉貂 *Martes flavigula* 鼬科 6—7月发情

英文名：Yellow-throated Marten。

别名：青鼬、蜜狗、黄腰狸、黄腰狐狸。

鉴别特征：体长33～63 cm，尾长25～48 cm。体型柔软而细长，呈圆筒状。头较尖细，略呈三角形；耳短而圆；腿较短，四肢短小，强健有力，前、后肢各具5趾，趾爪粗壮弯曲而尖利。体毛柔软而紧密，毛色比较鲜艳。头、颈、腰、四肢及尾呈暗棕色至黑色，背部和体侧为黄褐色；沿颈侧有暗条纹。喉胸部鲜黄色，腹部灰褐色或淡黄色。

习性：栖息于常绿阔叶叶林、针阔叶混交林及丘陵或山地森林。常白天活动，但晨昏活动更加频繁。行动小心隐蔽，视觉良好。性情凶狠，常单独或数只集群捕猎较大的草食动物。行动快速敏捷，尤其在追

黄喉貂

赶猎物时，更加迅猛，在跑动中能进行大距离跳跃，还具有很高的爬树本领。典型的食肉兽，从昆虫到鱼类及小型鸟兽都是其食物。妊娠期9～10个月，5月产仔，每胎产仔2～4只。

保护状态："三有名录"动物；CITES附录Ⅲ；保护级别近危（NT）。

本地种群现状：见于石灰沟、依浪沟、美浪沟、执洪沟、灯塔水磨沟、下俄沟、满子沟、沙沟、哑巴沟、格日则沟等。种群规模表现为分布相对较广、数量相对较多。

黄鼬 *Mustela sibirica* 鼬科 3—4月发情

英文名：Siberian Weasel。

别名：黄鼠狼、黄狼、黄皮子、黄大仙。

鉴别特征：体长28～40 cm，尾长12～25 cm。体型中等，身体细长。头细，颈较长。耳壳短而宽，稍突出于毛丛。四肢较短，均具5趾，爪尖锐，趾间有很小的皮膜。肛门腺发达。冬季尾毛长而蓬松，夏秋毛绒稀薄，尾毛不散开。毛色从浅灰棕色到黄棕色，色泽较淡。

黄鼬

背毛略深；腹毛稍浅，四肢、尾与身体同色。鼻基部、前额及眼周为浅褐色；鼻垫基部及上、下唇白色。喉部及颈下常有白斑，变异极大，有的呈大形斑，有的从喉部延伸至胸部。

习性：栖息于山地和平原的林缘、河谷、灌丛和草丘，也常出没于村庄附近。夜行性，晨昏活动频繁，有时也在白天活动。常单独行动，善于奔走，能贴地潜行、穿越缝隙和洞穴，也能游泳、攀树和墙壁等。除繁殖期外，一般没有固定的巢穴，通常隐藏在柴草堆下、乱石堆、墙洞等处。嗅觉十分灵敏，但视觉较差。性情凶猛。食性很杂，主要以小型兽类动物为食。娠期为33～37天。通常5月产仔，每胎产仔2～8只。

保护状态：“三有名录”动物；CITES附录Ⅲ；保护级别近危（NT）。

本地种群现状：见于水磨沟、发电沟、石灰沟、上贡沟、下贡沟、依浪沟、美浪沟、执洪沟、灯塔水磨沟、上俄沟、下俄沟、满子沟、沙沟、哑巴沟、格日则沟等。种群规模表现为分布很广、数量相对较多。

香鼬 *Mustela altaica* 鼬科 3—4月发情

英文名：Mountain Weasel。

别名：香鼠。

鉴别特征：体长20～28 cm，尾长11～15 cm。体型较小，躯体细长，颈较长，四肢较短。尾不甚粗，尾毛比体毛长，略蓬松。跖部毛被稍长，爪微曲而稍纤细。夏毛：颜面部毛色暗，呈栗棕色；从枕部向后经背、尾背至四肢前面呈棕褐色；自喉向后直到鼠鼷及四肢内侧呈淡棕色，与体背形成明显毛色分界，腹部白色毛尖带淡黄色；上、下唇缘、颊部及耳基白色，耳背棕色。冬毛：背腹界线不清，几乎呈一致黄褐色；尾近末端毛色较深。

习性：常栖息在森林、草原、高山灌丛及草甸。喜穴居，但不善于挖洞，常利用鼠类等其他动物的洞穴为巢。多单独活动。白天或夜间均活动，以晨昏更为活跃。性机警，行动迅速、敏捷，善于奔跑、游泳和爬树。主要以小型啮齿动物为食。妊娠期30～40天，5—6月产仔，每胎产仔6～8只。

香鼬

保护状态：“三有名录”动物；CITES附录Ⅲ；保护级别近危（NT）。

本地种群现状：见于下贡沟、下俄沟、格日则沟等。种群规模表现为分布十分狭小、数量相对较少。

欧亚水獭 *Lutra lutra* 鼬科 冬季产仔

英文名：Eurasian Otter。

别名：獭，獭猫等。

鉴别特征：体长56～80 cm，尾长30～40 cm。躯体扁圆形，头部宽而稍扁，吻短，眼睛稍突而圆。耳廓小，外缘圆形，着生位置较低。四肢短，趾间具蹼。下颏中央有数根短的硬须，前肢腕垫后面长有数根短的刚毛。鼻孔和耳道生有小圆瓣，潜水时能关闭，防止水侵入。体毛较长而致密，绒毛基部灰白色，绒面咖啡色。背部咖啡色，有油亮光泽；腹面毛色较淡，灰褐色。

习性：栖息于高原草地、高寒荒漠草原和山地荒漠带，春夏季节出没在开旷的山间盆地、平缓的河谷阶地、丘陵和湖周滩地。白天隐匿在洞

欧亚水獭

中休息，夜间出来活动。除了交配期以外，平时单独生活。善于游泳和潜水，游动的速度很快。听觉、视觉、嗅觉都很敏锐。不善于在陆地上行走，主要用腹部贴着地面匍匐前进、滑行、打滚和断续地跳步，遇到敌害时立即钻到冰窟或雪下逃遁。多穴居，无固定洞穴。主要以鱼类为食，也捕捉小鸟、小兽、青蛙、虾、蟹及甲壳类动物。四季均可交配，每胎产仔1～5只。

保护状态：国家Ⅱ级保护动物；CITES附录Ⅰ级；保护级别濒危（EN）。

本地种群现状：仅见于哑巴沟。种群规模表现为分布十分狭小、数量十分少。

亚洲狗獾 *Meles leucurus* 鼬科 **9—10月发情**

英文名：Asian Badger。

别名：狗獾。

鉴别特征：体长50～70 cm，尾长6～19 cm。体型肥壮，颈粗短，四肢短健，前、后足趾均具粗而长的黑棕色爪，前足的爪比后足的爪

亚洲狗獾

长。耳短圆，眼小，吻鼻长，鼻端粗钝，具软骨质的鼻垫。肛门附近具腺囊，能分泌臭液。头部白色或乳黄色，具2条黑褐色纵纹，从口角穿过眼部到头后与颈背部黑褐色区相连。耳背及后缘黑褐色，耳上缘白色或乳黄色，耳内缘乳黄色。体背黑褐色，杂白色或乳黄色。体侧针毛黑褐色部分明显减少，而白色或乳黄色毛尖逐渐增多，有的个体针毛黑褐色逐渐消失，几乎呈现乳白色；绒毛白色或灰白色。尾背与体背同色，但白色或乳黄色毛尖略有增加。下颌至尾基、四肢内侧黑棕色或淡棕色。

习性：栖息于森林中或山坡灌丛、田野、坟地、沙丘草丛及湖泊、河溪旁边等各种生境。黄昏开始活动，至拂晓回洞。有冬眠习性，挖洞而居。性情凶猛，但不主动攻击家畜和人；当被人或猎犬紧逼时，常发出短促的叫声，同时挺起前半身以锐利的爪和犬齿回击。杂食性，每年繁殖1次，每胎产仔2～5只。

保护状态："三有名录"动物；CITES附录Ⅲ；保护级别近危（NT）。

本地种群现状：见于石灰沟、上贡沟、下贡沟、依浪沟、美浪沟、执洪沟、灯塔水磨沟、上俄沟、下俄沟、满子沟、沙沟、哑巴沟、格日则沟等。种群规模表现为分布很广、数量相对较多。

猪獾 *Arctonyx collaris* 鼬科 4—5月产仔

英文名：Hog Badger。

别名：沙獾，山獾。

鉴别特征：体长50～80 cm，尾长11～20 cm。体型粗壮，四肢粗短。吻鼻部裸露突出似猪嘴；头大颈粗，耳小眼小。前、后肢5趾，爪发达。整个身体呈黑白两色混杂。头部正中从吻鼻部裸露区向后至颈后有一条白色条纹，宽约等于或大于吻鼻部宽；前部毛色白而明显，向后至颈部渐有黑褐色毛混入，呈花白色，并向两侧扩展至耳壳后两侧肩部。吻鼻部两侧至耳壳、穿过眼为一黑褐色宽带，向后渐宽，但在眼下方有一明显的白色区域，其后部黑褐色带渐浅。耳下部为白色长毛，并向两侧伸开。下颌及颏部白色，下颌口缘后方黑褐色，与脸颊的黑褐色相接。

猪獾

背毛黑褐色为主，毛基白色，中段黑色，毛尖黄白色；向背后方，黄白色毛尖部分加长，使背毛呈黑白两色，特别是背后部和臀部。体侧同背色，胸部和腹部呈黑褐色。四肢同腹色。尾毛长，白色。

习性：栖息于高、中低山区阔叶林、针阔混交林、灌草丛等。喜穴居，在荒丘、路旁、田埂等处挖掘洞穴，也侵占其他兽类的洞穴。性情凶猛，能在水中游泳。具夜行性，有冬眠习性。视觉差，但嗅觉灵敏，找寻食物时常抬头以鼻嗅闻，或以鼻翻掘泥土。当受敌害时，常发出凶残的吼声，吼声似猪，同时能挺立前半身以牙和利爪作猛烈回击。杂食性，以蚯蚓、蜥蜴、泥鳅、甲壳动物、昆虫、蜈蚣、小鸟和鼠类等动物为食，也吃玉米、小麦、马铃薯、花生等农作物。每年繁殖1次，每胎产仔3～5只。

保护状态："三有名录"动物；CITES附录Ⅲ；保护级别近危（NT）。

本地种群现状：见于王柔沟、红军沟、沙沟、哑巴沟、格日则沟等。种群规模表现为分布很狭小、数量相对较少。

荒漠猫 ***Felis bieti*** 猫科 4—5月产仔

英文名：Chinese Mountain Cat。

别名：草猫、草猞猁、荒猫、漠猫、切唐匈布。

鉴别特征：又名草猫、漠猫。体长60～68 cm，尾长29～35 cm。体型较家猫大，尾长，四肢略长。头部棕灰或沙黄色，上唇黄白色，鼻棕红色；两眼内角各有一条白纹，额部有3条暗棕色纹；耳背面棕色，边缘棕褐色，耳尖有一簇棕色簇毛，耳内侧毛长致密，呈棕灰色；眼后和颊部有两横列棕褐色纹。背棕灰或沙黄色，背中线不明显。尾末梢部有5个黑色半环，尖部黑色。四肢外侧各有4～5条暗棕色横纹，四肢内侧和胸、腹面淡沙黄色。

习性：栖息于高山草甸、高山灌丛、山地针叶林缘、荒漠半荒漠和黄土丘陵干草原。性孤僻，除交配期外，营独居生活。晨昏夜间活动，白天休息。视觉、嗅觉和听觉灵敏。以鼠类、鼠兔、旱獭、鸟类等为食。每胎产仔2～4只。

保护状态：中国特有种；国家Ⅰ级重点保护动物；CITES附录Ⅱ；保护级

荒漠猫

别极危（CR）。

本地种群现状：仅见于水磨沟。种群规模表现为分布十分狭小、数量十分少。

豹猫 *Prionailurus bengalensis* 猫科 5—6月产仔

英文名：Leopard Cat。

别名：狸猫、狸子、铜钱猫、石虎、麻狸、山狸、野猫。

鉴别特征：体长36～66 cm，尾长20～37 cm。体型和家猫相仿，但更加纤细，腿更长。耳大而尖，耳后黑色，带有白斑点。两条明显的黑色条纹从眼角内侧一直延伸到耳基部。内侧眼角到鼻部有一条白色条纹，鼻吻部白色。一般由头到肩有4条主条纹，很宽很明显。体侧和四肢有黑色斑点或斑纹，但从不连成垂直的条纹。尾具环纹至黑色尾尖。喉、胸和腹部白色，前胸具不甚连续的黑色横纹。

习性：主要栖息于山地林区、郊野灌丛和林缘村寨附近。主要为地栖，但

豹猫

攀爬能力强，在树上活动灵敏自如。夜行性，晨昏活动较多。独行或成对活动。善游水，喜在水塘边、溪沟边、稻田边等近水之处活动和觅食。主要以鼠类、飞鼠、蛙类、蛇类、小型鸟类、昆虫等为食。每年1胎，每胎产仔2～4只。

保护状态：中国特有种；国家Ⅰ级重点保护动物；CITES附录Ⅱ；保护级别极危（CR）。

本地种群现状：见于吉拉沟、水磨沟、依浪沟、美浪沟、执洪沟、灯塔水磨沟、上俄沟、下俄沟、沙沟、哑巴沟、格日则沟等。种群规模表现为分布相对较广、数量相对较多。

兔狲 *Otocolobus manul* 猫科 2—3月发情

英文名：Pallas's Cat, Manul。

别名：羊猞猁、乌伦、玛瑙勒。

鉴别特征：体长50～65 cm，尾长21～35 cm。体型粗壮而短，大小似家猫。额较宽，吻短，瞳孔淡绿色，收缩呈圆形。耳短宽，耳尖圆

兔狲

钝。全身被毛极密而软，绒毛丰厚，尤其是腹毛很长，为背毛的一倍多。头顶灰色，具少数黑斑。眼内角白色，耳背红灰色，颊部有两个细黑纹。上背棕黑色，基部浅灰色，毛尖黑褐；下背有较多隐暗的黑色细横纹。尾粗圆，具明显的6～8条黑色的环细纹，尖端毛黑而长。下颌黄白色，颈下方和前肢之间浅褐色。腹部乳白色，四肢颜色较背部稍淡，具数条隐暗的黑色细横纹。

习性：栖息于灌丛草原、荒漠草原、荒漠与戈壁，亦能生活在林中、丘陵及山地。常单独栖居于岩石缝里或利用旱獭的洞穴。夜行性，但晨昏活动频繁。视觉和听觉发达，遇危险时则迅速逃窜或隐蔽在临时的土洞中。主要以鼠兔为食，也捕食其他鼠类、刺猬、鸟类、蜥蜴等。妊娠期9～10周，每胎产仔3～4只。

保护状态：国家Ⅱ级重点保护动物；CITES附录Ⅱ；保护级别濒危（EN）。

本地种群现状：见于依浪沟、灯塔水磨沟、沙沟、格日则沟等。种群规模表现为分布很狭小、数量相对较少。

猞猁　*Lynx lynx*　猫科　2—4月发情

英文名：Eurasian Lynx。

别名：欧亚猞猁、林曳、猞猁狲、马猞猁等。

鉴别特征：体长85～105 cm，尾长20～31 cm。外形似猫，但比猫大很多。身体粗壮，四肢较长，尾极粗短，尾尖钝圆。上唇暗褐色或黑色，下唇污白色至褐色。耳基宽，具黑色耸立簇毛，两颊有下垂长毛。眼周偏白色，两颊具有2～3列明显的棕黑色纵纹。背部的毛色变异较大，有乳灰、棕褐、土黄褐、黄褐及浅灰褐等多种色型，点缀深色斑点或小条纹。尾与背同色，尾端黑色。颌两侧各有一块黑褐色斑。胸、腹污白色或乳白色。四肢前面、外侧均具棕褐色斑纹。

习性：栖息于山地森林或密集的灌木丛，也见于无林的裸岩地带。营独居生活，在岩缝石洞或树洞内筑巢。晨昏活动频繁。擅于攀爬及游泳，耐饥性强。性情狡猾而又谨慎，遇到危险时会迅速逃到树上躲避起来。主要以野兔、鸟类等为食。每胎产仔2～4只。

猞猁

保护状态：国家Ⅱ级重点保护动物；CITES附录Ⅱ；保护级别濒危（EN）。

本地种群现状：见于发电沟、王柔沟、红军沟、上俄沟、下俄沟、沙沟等。种群规模表现为分布很狭小、数量相对较少。

豹　*Panthera pardus*　猫科　3—4月发情

英文名：Leopard, Common Leopard。

别名：金钱豹。

鉴别特征：体长90～190 cm，尾长50～100 cm。躯体均匀，四肢修长。体型低矮强壮，头小而圆，腿较短。前5指后4趾；爪锋利，可伸缩。嘴侧上方各有5排斜形的胡须。虹膜黄色，在强光照射下瞳孔收缩为圆形，在黑夜则发出闪耀的磷光。皮毛柔软，常具显著花纹。体毛鲜艳，体背杏黄色，颈下、胸、腹和四肢内侧白色；全身布满黑色的斑点或铜钱状花斑，头部的斑点小而密，背部的斑点密而大。耳短，耳背黑色，有一块显著的白斑；耳尖和基部呈黄色。

豹

习性：栖息于山地森林、丘陵灌丛、荒漠草原等多种环境。适应力顽强，巢穴比较固定，多筑于浓密树丛、灌丛或岩洞中。营独居生活，常夜间活动，在食物丰富的地方，活动范围较固定。感官发达，嗅觉及视觉极为敏锐，动作敏捷，善于爬树，可捕捉树上的猴类和鸟类；也善于跳跃，但不喜欢游泳。多以山羊、狍子、鹿、麝、麂、野猪、野兔、猴类等为主要食物。每胎产仔1～4只。

保护状态：国家Ⅰ级重点保护动物；CITES附录Ⅰ；保护级别濒危（EN）。

本地种群现状：见于执洪沟、格日则沟等。种群规模表现为分布十分狭小、数量十分少。

野猪 *Sus scrofa* 猪科 春、秋季产仔

英文名：Wild Boar, Eurasian Wild Pig。

别名：欧亚野猪、山猪。

鉴别特征：体长90～180 cm，尾长20～30 cm。体型健壮，头较长，耳小并直立，吻部突出似圆锥体，其顶端为裸露的软骨垫。犬齿

发达；雄性上犬齿外露，并向上翻转，呈獠牙状。尾细短；四肢粗短，各具4趾，中间2趾着地。整体毛色深褐色或黑色；顶层由较硬的刚毛组成，底层下面有一层柔软的细毛。背被刚硬而稀疏的针毛，毛粗而稀。老猪背上长白毛；幼猪毛色浅棕色，有黑色条纹。

习性：多栖息于阔叶林、混交林、针叶林间及其林缘地带。喜晨昏集群活动，每群一般6～20只，也常见单独雄性个体。夜行性，通常晨昏最活跃。喜欢洗稀泥浴。嗅觉特别灵敏，鼻子十分坚韧有力，用于挖掘洞穴或推动重物，或当作武器。主要以植物为食的杂食动物。每年2胎，1胎产仔4～12头。

保护状态："三有名录"动物；保护级别无危（LC）。

本地种群现状：见于吉拉沟、水磨沟、王柔沟、石灰沟、上贡沟、下贡沟、依浪沟、美浪沟、执洪沟、灯塔水磨沟、上俄沟、下俄沟、满子沟、沙沟、哑巴沟、格日则沟等。种群规模表现为分布十分广泛、数量相对较多。

野猪

马麝 *Moschus chrysogaster* 麝科 12月中下旬发情

英文名：Alpine Musk Deer。

别名：香獐、高山麝。

鉴别特征：体长75～90 cm，尾长4～7 cm。头狭长，吻尖，耳狭长。尾短而粗，裸露，仅尖端有束毛。后腿比前腿长约1/3，故臀高大于肩高。脸颊灰棕色；鼻端无毛，黑色。耳内乳白色，耳背黄棕色，耳尖稍暗。上体黄褐色或灰褐色，体背后部和臀部稍暗。颈下有较宽的棕白色或黄白色斑，并一直延伸至前胸。腹、腋下毛细长，黄白色或棕黄色。雄麝具发达的月牙状上犬齿，向下伸出唇外；腹部具特殊的麝香腺囊。雌麝腹部无麝香，有一对乳头；上犬齿小，未露出唇外。

习性：栖息于针叶林和高山灌丛。营独居生活方式。喜晨昏活动，早晚于阳坡取食，夜间隐匿于阴坡灌丛中。反刍，性情孤独，营独居生活方式。行动灵活，迅速敏捷。生性多疑，行动时总是东张西望地警惕着四周，受惊后离开自己的巢域。以各种草类

马麝

及嫩枝、树叶为主，亦食苔藓和野果。5—6月产仔，每胎产仔1～3只。

保护状态：国家Ⅰ级重点保护动物；CITES附录Ⅱ；保护级别极危（CR）。

本地种群现状：见于吉拉沟、水磨沟、发电沟、王柔沟、石灰沟、红军沟、上贡沟、下贡沟、依浪沟、美浪沟、执洪沟、灯塔水磨沟、上俄沟、下俄沟、沙沟、哑巴沟、格日则沟等。种群规模表现为分布十分广泛、数量十分多。

毛冠鹿 *Elaphodus cephalophus* 鹿科 4—5月发情

英文名：Tuffed Deer。

别名：青麂，青鹿。

鉴别特征：体长85～170 cm，尾长7～13 cm。雄鹿有角，短小不分叉，隐于簇毛中。上犬齿长而向下弯曲，露出唇外。眼较小，眶下腺特别显著，眼上方有灰色眉纹。体毛较粗硬，一般为暗褐色或青灰色，冬毛几近于黑色，夏毛赤褐色。耳较圆阔，耳内侧白色，下部有黑色横纹，耳背尖端白色。额顶有一簇荸荠状的黑褐色长毛；脸颊和吻部稍杂苍白色的毛，腹部、鼠蹊部纯白色。尾短，尾下纯白色。幼体毛色暗褐色，背中线两侧有不很显著的白点，排列成纵行。

习性：多栖息于常绿阔叶林、针阔混交林及林缘灌丛、采伐迹地。性机警，喜晨昏活动。听觉和嗅觉较发达，尤其是眼下腺最发达，对种间相互联系、寻找配偶等都起到相当大的作用。晨昏觅食，一般成对活动。性情温和，但机警灵活，一有动静，就一溜烟似地遁走。草食性，均喜食蔷薇科、百合科和杜鹃花科的植物。妊娠期6个月，每窝产仔1～2只。

保护状态：国家Ⅱ级重点保护动物；CITES附录Ⅲ；保护级别易危（VU）。

本地种群现状：见于吉拉沟、水磨沟、王柔沟、石灰沟、红军沟、上贡沟、下贡沟、依浪沟、美浪沟、执洪沟、灯塔水磨沟、上俄沟、下俄沟、满子沟、沙沟、哑巴沟、格日则沟等。种群规模表现为分布十分广泛、数量十分多。

毛冠鹿1

毛冠鹿2

水鹿 *Rusa unicolor* 鹿科 8—9月发情

英文名：Sambar Deer、Sambar、Indian Sambar。

别名：黑鹿、鹿子。

鉴别特征：体长140～260 cm，尾长20～30 cm。身体高大粗壮，雄鹿具粗长的三叉角。面部稍长，鼻吻部裸露，耳大而直立，眼较大，眶下腺特别发达。四肢细长而有力，主蹄大，侧蹄特别小。体毛粗糙而稀疏，颈腹部有手掌大的一块倒生逆行毛。体毛浅棕色或黑褐色，雌鹿略带红色。颈部有深褐色鬃毛，由颈沿背中线直达尾部具深棕色纵纹。下颌、腹部、四肢内侧、尾下黄白色。尾两侧密生着蓬松的长毛；尾后半段黑色，尾腹雪白色。

习性：栖息于热带和亚热带林区、草原、阔叶林、季雨林、稀树草原、高山溪谷以及高原地区等地。无固定的巢穴，有沿山坡作垂直迁移的习性。嗅觉灵敏，性机警，善奔跑。喜群居。喜在早晨、傍晚和夜晚活动，白天休息。常在水边觅食，夏天喜在山溪中沐浴。以树叶、浆果、幼树的树皮、落下的果实、香草和芽为食。春季产仔，每胎产仔1～2只。

保护状态：国家Ⅱ级重点保护动物；CITES附录Ⅰ级；保护级别近危（NT）。

本地种群现状：见于吉拉沟、水磨沟、发电沟、石灰沟、红军沟、上贡沟、下贡沟、依浪沟、美浪沟、执洪沟、灯塔水磨沟、上俄沟、下俄沟、满子沟、沙沟、哑巴沟、格日则沟等。种群规模表现为分布十分广泛、数量十分多。

水鹿

马鹿 *Cervus yarkandensis* 牛科 9—10月发情

英文名：Red Deer、Wapiti。

别名：白臀鹿、鹿子、红鹿。

鉴别特征：体长170～220 cm，尾长8～16 cm。头面部较长，耳长而尖，呈圆锥形。雄性有角，一般分为6叉，最多8个叉。额和头顶深褐色，颊浅褐色；耳内污白色，耳背沾褐色。体毛深褐色，背部及两侧有一些白色斑点。夏毛较短，无绒毛，一般为赤褐色，背部较深，腹部较浅。冬毛厚密，有绒毛，毛色灰棕；臀斑较大，呈褐色、黄赭色或白色。

习性：栖息于有水源的干旱灌丛、疏林、草地等环境中。喜群居，平时常单独或成小群活动。随着不同季节和地理条件的不同而经常变换生活环境，但一般不作远距离的水平迁徙。夏季多在夜间和清晨活动，冬季多在白天活动。听觉和嗅觉灵敏。性情机警，奔跑迅速，体大力强，巨大的角可作防御武器。以草、植物、树叶和树皮为食。妊娠期225～262天，每胎产仔1只。

马鹿

保护状态：中国特有种；国家Ⅱ级重点保护动物；保护级别濒危（EN）。

本地种群现状：见于发电沟、石灰沟、红军沟、上贡沟、下贡沟、依浪沟、美浪沟、上俄沟、沙沟、哑巴沟、格日则沟等。种群规模表现为分布相对较广、数量很多。

白唇鹿 *Przewalskium albirostris* 鹿科 10—11月发情

英文名：White-lipped Deer、Thorold's Deer。

别名：岩鹿、白鼻鹿、黄鹿。

鉴别特征：体长150～210 cm，尾长10～15 cm。头略呈等腰三角形，额宽平，耳尖长，眶下腺大而深。下唇白色，延伸至喉上部和吻的两侧，故名白唇鹿。体毛较长而粗硬，具有中空的髓心，保暖性能好。臀斑淡黄色或土黄色。冬季体毛暗褐色，带有淡栗色的小斑点，又有“红鹿”之称。夏毛较深，呈黄褐色，腹部为浅黄色，也叫作“黄鹿”。仅雄鹿具淡黄色角，第二叉与眉叉的距离大，分叉处特别宽扁，故有“扁角鹿”之称。

习性：栖息于高山森林灌丛、灌丛草甸及高山草甸草原地带。常见3～5只的小群，有时也见数十只甚至百余只的大群。嗅觉和听觉非常灵敏。主要在晨昏觅食，有舔盐习性，善于爬山和游泳。主要以禾本科和莎草科植物为食。妊娠期8个月，每胎产仔1～2只。

保护状态：中国特有种；国家Ⅰ级重点保护动物；保护级别濒危（EN）。

本地种群现状：见于红军沟、下

白唇鹿

贡沟、依浪沟、美浪沟、灯塔水磨沟、上俄沟、沙沟、哑巴沟、格日则沟等。种群规模表现为分布相对较小、数量很多。

中华鬣羚 *Capricornis milneedwardsii* 牛科 9—10月发情

英文名：Chinese Serow。

别名：四不像、苏门羚。

鉴别特征：体长140～190 cm，尾长6～16 cm。雌雄均有一对短而光滑的黑角，平行而稍呈弧形往后伸展。耳狭长，可达20～26 cm；四肢强健，蹄短而坚实；尾短。全身被稀疏而粗硬的黑褐色体毛，毛基灰白色。自角基至颈背有15～20 cm长的灰白色鬣毛；暗黑色的脊纹贯穿整个脊背。上、下唇，颌污白色或灰白色；四肢赤褐色，向下转为黄褐色。

习性：多栖息于海拔800 m以上的针阔混交林、针叶林或多岩石的杂灌林生境中。喜晨昏活动，雄性一般单独觅食，而雌性和幼仔结伴而行。取食草、嫩枝和树叶，喜食菌类。妊娠期7～8个月，每胎产

中华鬣羚

中华鬣羚

仔1～2只。

保护状态：国家Ⅱ级重点保护动物；CITES附录Ⅰ；保护级别易危（VU）。

本地种群现状：见于吉拉沟、水磨沟、发电沟、王柔沟、石灰沟、红军沟、下贡沟、依浪沟、美浪沟、执洪沟、灯塔水磨沟、上俄沟、下俄沟、沙沟、哑巴沟、格日则沟等。种群规模表现为分布十分广泛、数量十分多。

中华斑羚 *Naemorhedus griseus* 牛科 4—6月产仔

英文名：Chinese Goral。

别名：华南山羚、灰斑羚、川西斑羚等。

鉴别特征：体长95～130 cm，尾长12～20 cm。身体粗壮，耳窄而直立，雌雄均具角，角长12～15 cm，向后上方倾斜，角尖略微下弯；四肢短而匀称，蹄狭窄而强健。体毛棕褐色至深灰色；额、颈棕黑色，颊及耳背棕灰色，耳内白色，耳尖棕黑色。背部具不太长的鬃毛，自枕部、颈部一直到尾有一条黑褐色中央纵带。尾基灰

中华斑羚

棕色，尾端棕黑色。四肢棕黄色，有时前肢红色具黑色条纹。喉橙色，有一块白斑；腹部浅灰色。

习性：多栖息于山地针叶林、针阔叶混交林和常绿阔叶林中。善攀岩，常在林内陡峭崖坡出没；喜欢小群活动。妊娠期大约215天，每胎产仔1只。

保护状态：国家Ⅱ级重点保护动物；CITES附录Ⅰ；保护级别易危（VU）。

本地种群现状：见于红军沟、下贡沟、美浪沟、满子沟、沙沟、哑巴沟、格日则沟等。种群规模表现为分布相对较小、数量相对较多。

高原鼠兔 *Ochotona curzoniae* 鼠兔科 每年2～3胎

英文名：Plateau Pika。

别名：黑唇属兔，鸣声鼠。

鉴别特征：又称为黑唇鼠兔。体长12～19 cm。耳小而圆，后肢略长于前肢，爪较发达。唇周及鼻尖黑色或黑褐色。耳背面棕黑色，耳壳边缘色淡。从头脸部经颈、背至尾基部沙黄色或黄褐色，向两侧至腹

高原鼠兔

面颜色变浅。腹面污白色，毛尖染淡黄色。四肢外侧毛色同体背，内侧较淡。足背土黄色或污白色。

习性：栖息于高山草原、草甸地带，喜选择滩地、河岸、山麓缓坡等植被低矮的开阔环境。营家族式生活，穴居，多在草地上挖密集的洞群。各自的巢区比较稳定，有明显的护域行为。昼间活动，不冬眠。以禾本科、莎草科及豆科植物为食。妊娠期30天，每胎通常产仔3～4只。

保护状态：保护级别无危（LC）。

本地种群现状：仅见于灯塔水磨沟。种群规模表现为分布十分狭小、数量相对较少。

藏鼠兔 *Ochotona thibetana* 兔形科 每年2～3胎

英文名：Moupin Pika。

别名：石兔、鸣声鼠。

鉴别特征：体长14～18 cm。耳短而圆，尾隐于被毛之内。后肢略长于

藏鼠兔

前肢，前5趾后4趾，爪显细弱，趾垫裸露或略隐于短毛中。雌性具乳头4对。耳褐色，具白色边缘；耳后有一淡黄褐色斑，耳基前方有1束淡黄色丛毛。唇周灰白色。吻端、额至尾基棕褐色。体腹面灰褐色，毛基灰色，毛尖淡黄褐色。四肢外侧毛色同体背面，内侧者同体腹面。足背黄褐色，足掌深褐色。冬毛较长而密，毛色较淡，上体灰褐色，无棕色色调，下体灰白色。

习性：主要栖息于林区、灌丛及草木植被发达的沟坡。昼夜活动，行动敏捷，常相互追逐嬉戏，遇敌很快入洞。以莎草科与禾本科植物的茎、叶为食，每年5月开始繁殖，每胎产仔3～5只。

保护状态：中国特有种；保护级别无危（LC）。

本地种群现状：见于吉拉沟、王柔沟、依浪沟、美浪沟、下俄沟、沙沟等。种群规模表现为分布很狭小、数量相对较少。

灰尾兔 *Lepus oiostolus* 兔科 每年2～4胎

英文名：Woolly Hare。

灰尾兔

别名：高原兔、绒毛兔。

鉴别特征：又称灰尾兔，体长35～56 cm，尾长7～12 cm。耳廓长，超过头长，亦超过后足长。尾较短，爪隐于毛被内。体毛长而蓬松，自鼻端、额至体背沙黄色或灰褐色。尾背灰黑色，尾缘及尾腹白色。颈下浅黄色，沾粉红色；下体余部大多白色，但腹中部或多或少淡棕色，臀部毛短灰色。四肢大部棕白色，但后肢外侧棕色。

习性：栖息于高山草甸、高寒草原、荒漠草原、灌丛、林缘及农田等处。昼夜活动，但晨昏活动更频繁。有时可见数只一起摄食，或相互间短距离追逐。食物中80%～90%为各种农作物，杂草占10%～20%。妊娠期约25天，每胎产仔4～6只。

保护状态：“三有名录”动物；保护级别无危（LC）。

本地种群现状：仅见于发电沟。种群规模表现为分布十分狭小、数量十分少。

参 考 文 献

[1] 邓小林. 玛可河：加快生态建设步伐 [J]. 中国林业，2005（6）：16.

[2] 邓小林. 对青海南部林区生态建设与保护的思考 [J]. 中南林业调查规划，2018，37（3）：11-14.

[3] 丁义晶，王贵虎，陈振宁，等. 青海省发现两栖纲小鲵科无斑山溪鲵 [J]. 动物学杂志，2014，49（3）：428-431.

[4] 费梁，叶昌媛，姜建平. 中国两栖动物及其分布彩色图鉴 [M]. 成都：四川科学技术出版社，2012.

[5] 蒋志刚. 中国哺乳动物多样性及地理分布 [M]. 北京：科学出版社，2015.

[6] 蒋志刚. 探索青藏高原生物多样性分布格局与保育途径 [J]. 生物多样性，2018，26（2）：107-110.

[7] 蒋志刚，纪力强. 鸟兽物种多样性测度的G-F指数方法 [J]. 生物多样性，1999，7（3）：220-225.

[8] 蒋志刚，刘少英，吴毅，等. 中国哺乳动物多样性 [J]. 生物多样性，2017，25（8）：886-895.

[9] 李春风. 浅析玛可河林业局森林管护模式 [J]. 林业经济，2008（11）：38-39.

[10] 刘燕华. 玛可河林区水资源合理利用与生态环境保护 [M]. 北京：科学出版社，2000.

[11] 马占宝. 玛可河林区森林防火现状及对策 [J]. 现代农业科技，2014（15）：210-211.

[12] 三木才. 海西蒙古族藏族自治州资源志 [M]. 西安：三秦出版社，2007.

［13］盛和林，大泰司纪之，陆厚基. 中国野生哺乳动物［M］. 北京：中国林业出版社，1999.

［14］时保国，董得红. 青海省玛可河林业局天然林禁伐后面临问题的探讨［J］. 林业资源管理，2003（4）：15-18.

［15］苏海龙. 青海玛可河林区森林资源管护分析［J］. 中国林业，2011（9）：54.

［16］陶永明，安焕霞. 玛可河林区林业有害生物防治工作存在的问题及对策［J］. 甘肃农业，2011（5）：24-25.

［17］王海，李孝繁. 参与式社区共管在藏区生物多样性保护中的应用——以长江流域青海班玛县玛可河社区为例［J］. 青海大学学报（自然科学版），2015，33（5）：92-97.

［18］王扬，薛长福，马应龙，等. 青海玛可河林区冬季鸟类组成及其多样性［J］. 中国计量大学学报，2022，33（4）：573-584.

［19］汪松. 中国濒危动物红皮书［M］. 北京：科学出版社，1998.

［20］魏辅文. 中国兽类分类与分布［M］. 北京：科学出版社，2022.

［21］徐爱春. 青藏高原同域分布的藏棕熊、雪豹生存状态、保护及其生态学研究［D］. 长春：东北师范大学，2007.

［22］徐海燕. 天然林保护工程给玛可河林区带来的巨变分析报告［J］. 科技创新与应用，2019（32）：46-47.

［23］薛顺芝. 青海省玛可河林区森林火灾的发生规律及原因分析［J］. 山东林业科技，2014（5）：89-91.

［24］郑杰. 青海野生动物资源与管理［M］. 西宁：青海人民出版社，2004.

［25］中国科学院西北高原生物研究所. 青海经济动物志［M］. 西宁：青海人民出版社，1989.

［26］中国野生动物保护协会. 中国爬行动物图鉴［M］. 郑州：河南科学技术出版社，2002.

［27］Andrew T S, Badingqiuying, Wilson M C, et al. Functional-trait ecology of the plateau pika Ochotona curzoniae (Hodgson, 1858) in the Qinghai-Tibetan Plateau ecosystem［J］. Integrative Zoology, 2019, 14(1): 87-103.